_____ 님의 소중한 미래를 위해
이 책을 드립니다.

난생 처음
싱가포르

처음 싱가포르에 가는 사람이 가장 알고 싶은 것들

난생 처음

싱가포르

남기성 지음

메이트북스

메이트북스 우리는 책이 독자를 위한 것임을 잊지 않는다.
우리는 독자의 꿈을 사랑하고,
그 꿈이 실현될 수 있는 도구를 세상에 내놓는다.

난생 처음 싱가포르

초판 1쇄 발행 2018년 8월 20일 **| 초판 2쇄 발행** 2018년 9월 10일 **| 지은이** 남기성
펴낸곳 ㈜원앤원콘텐츠그룹 **| 펴낸이** 강현규 · 정영훈
책임편집 최미임 **| 편집** 안미성 · 이가진 · 이수민 · 김슬미
디자인 최정아 **| 마케팅** 한성호 · 김윤성 **| 홍보** 이선미 · 정채훈
등록번호 제301-2006-001호 **| 등록일자** 2013년 5월 24일
주소 06132 서울시 강남구 논현로 507 성지하이츠빌 3차 1307호 **| 전화** (02)2234-7117
팩스 (02)2234-1086 **| 홈페이지** www.matebooks.co.kr **| 이메일** khg0109@hanmail.net
값 15,000원 **| ISBN** 979-11-6002-140-0 13980

이 도서의 국립중앙도서관 출판시도서목록(CIP)은 e—CIP홈페이지(http://www.nl.go.kr/ecip)에서
이용하실 수 있습니다.(CIP제어번호 : CIP2018020323)

여행은 끝났는데
길은 시작되었다.

• 게오르그 루카치(철학자) •

다국적 문화가 공존하는 동양의 작은 유럽, 싱가포르 3박 4일간의 여행기

몇 정거장을 이동하면 마치 인도의 어느 도시를 깊숙이 여행하는 듯하고, 정처 없이 발길을 옮기다 보면 중국 남부지방의 한 시골 마을을 걷는 듯하며, 고개를 돌리면 이슬람 국가의 심장부에 들어와 있는 듯한 나라, 다양한 문화와 민족이 공존하며 그들 특유의 모습이 조화롭게 자리를 잡은 나라가 바로 싱가포르다. 서울과 비슷한 크기지만 서울보다 더 다양한 모습을 지닌 싱가포르는 여러 나라를 여행하는 듯한 풍부한 볼거리를 제공한다. 학창시절 수없이 들었던 '아시아의 4마리 용' 중 하나였던 싱가포르는 그 명칭에 걸맞게 국제적인 금융허브 도시이자 도시국가로서의 위상을 갖추며 빠른 속도로 성장해왔다. 동남아시아의 심장부 싱가포르로 떠나보자.

싱가포르가 우리와 같은 동양권 나라라고 해서 별 준비 없이 떠날 수 있다고 생각한다면 큰 오산이다. 무턱대고 떠났다가는 싱가포르의 길거리만 정처 없이 헤매거나 더운 날씨에 쉽게 지쳐 고생만 하고 돌아올 수도 있다. 그렇다고 휴식차 떠나는 여행인데 수많은 정보에 의존해 잘 알지도 못하는 장소의 먹거리, 볼거리를 찾아 빼곡하게 일정을 잡자니 여행을 떠나기도 전에 혼선과 스트레스로 답답하다. 그래서 필자는 해외여행이 처음이거나 싱가포르 여행이 처음인 여행자들이 쉽게 일정을 짜고, 그곳의 볼거리와 먹거리를 즐기며 일상에 지친 몸과 마음을 회복하고 돌아올 수 있는 청량제로써 이 책을 썼다. 특히 MRT 노선에 따른 일정으로 이동 시간을 줄이고 가장 싱가포르다운 싱가포르를 느낄 수 있게 했다.

시중에는 수많은 여행정보지들이 있다. 넘쳐나는 정보들을 짧은 여행 일정에 모두 담으려니 숨이 턱턱 막힐 지경이다. 이 책은 싱가포르를 처음 찾은 여행자들을 위해 만든 알찬 가이드북이다. 백과사전식 정보의 나열이 아닌 싱가포르 여행시 꼭 봐야 할 것, 먹어야 할 것을 선별해 소개했으며, 각 장소마다 필자가 느꼈던 솔직한 감정까지 담아내 여행의 느낌을 보다 생생하게 전하고자 했다. 특히 이 책은 언어적·문화적 두려움으로 선뜻 여행을 떠나지 못한 초보 여행자들을 위한 친절한 길라잡이임을 자청하며, 관광지에 대한 친절한 설명도 덧붙여 여행 가이드 역할까지 하고 있다. 일상에서 이탈해 새로운 세상을 보고 싶은 사람이라면 휴식과 충전을 위해 자신이 가진 두려움을 과감히 버려야 한다. 새로운 세상에 대한 과감한 도전이 새롭게 태어나는 스스로를 만나는 길이다. 여행 역시 생의 다른 것들과 마찬가지로 희생을 요구한다. 잠시 쥐고 있던 것을 내려놓고 두려움 없이 싱가포르로 떠나보자. 여행의 참맛이라는 뜻밖의 선물이 당신을 맞이할 것이다.

물론 싱가포르에는 이 책에서 미처 소개하지 못한 더 많은 보물창고들이 곳곳에 숨겨져 있다. 더 많은 볼거리, 즐길 거리 등 새로운 일정을 채워 넣어 보다 새롭고 풍부한 일정을 만드는 일은 이 책을 읽고 떠난 여행자들의 몫이다.

이제 동남아는 긴 휴가 없이 주말여행을 계획할 수 있을 만큼 가까운 여행지가 되었다. 일상의 스트레스에 짓눌려 새로운 문화를 느끼고 싶다면 주저 없이 이 책을 들고 싱가포르로 떠나기를 바란다. 인도·중국·무슬림이 한데 엉켜 조화를 이루는 아름다운 나라, 싱가포르에서 일상의 활기를 되찾게 될 것이다.

책이 나올 때마다 많은 격려와 조언으로 좀더 알찬 정보지가 될 수 있도록 큰 힘이 되어준 원앤원콘텐츠그룹에 감사한 마음을 전한다. 새로운 책을 위해 떠날 때마다 항상 내 건강과 안전을 걱정해주고, 큰 힘이 되어준 나의 사랑하는 아내 김신희와 자녀들에게도 진심으로 감사하다. 언제나 최고의 책을 위해 힘과 격려를 아끼지 않으신 사랑하는 오병곤 사부께도 감사의 마음을 전한다. 마지막으로 이 책과 함께 아름다운 싱가포르 여행을 만들어갈 독자들께도 고마움을 전한다.

남기성

contents

PART 1

내 생애
첫 싱가포르 여행

정식 명칭은 싱가포르 공화국(Republic of Singapore)으로 말레이 반도 끝에 위치한 섬나라이자 도시국가다. 북쪽으로는 조호르 해협, 남쪽으로는 싱가포르 해협을 두고 말레이시아·인도네시아와 분리되어 있다. 지금의 싱가포르는 1819년 영국의 동인도회사가 대영제국의 상선을 보호하고 물품을 공급하는 동시에 네덜란드 세력을 견제할 전략적 요충지로써, 현 싱가포르 남부에 항구를 개발한 것이 시초였다. 이후 발전을 거듭하던 싱가포르는 제2차 세계대전 당시 일본의 식민지로 있었으며, 일본 패망 후에는 영국 군정의 지배를 받다가 1959년이 되어서야 비로소 자치정부가 수립되었다. 1961년 말레이시아는 싱가포르와 말레이 반도, 사라왁, 북보르네오와 브루나이 연방에 합병을 제안했고, 국민투표에서 국민들의 압도적인 지지를 얻어 1963년에 말레이시아의 일부가 되었다. 하지만 합병 결과는 성공적이지 못했고, 결국 싱가포르는 말레이시아에서 독립해 1965년 8월 자주독립 민주국가가 되었다.

싱가포르의 면적은 약 697.2km²로 서울(605.25km²)보다 조금 넓고, 인구는 서울의 절반 정도인 약 546만 명(중국계 74.2%, 말레이계 13.4%, 인도계 9.2%, 유라시아계 및 기타 민족 3.2%)이며, 수도는 싱가포르다. 싱가포르는 주롱 섬, 풀라우 트콩, 센토사 섬을 포함한 63개의 섬으로 이루어져 있다. 작은 섬과 본섬을 연결하는 간척사업이 지금도 계속 진행되고 있으며, 북쪽과 동쪽은 항구지역과 저수지가 있는 낮은 구릉들로 구성되어 있다. 가장 높은 산은 해발 164m의 부킷 티마 힐(Bukit Timah Hill)이다.

싱가포르는 좁은 국토와 부족한 자원으로 국제무역과 해외투자[5~10년간 법인세를 면제해주는 '텍스 홀리데이(tax holiday)'를 실시]에 크게 의존하는 개방경제체제를 운용하고 있다. 특히 수에즈 운하의 개통으로 말레이 반도의 석유·고무·합판 등 원자재를 옮겨 싣는 연료 공급기지로써 싱가포르의 입지적 중요성이 커지면서, 20세기 후반 초고속 경제성장과 함께 일본 다음가는 경제부국, 동남아시아의 금융 중심지

로 성장했다. 싱가포르는 2011년 기준으로 1인당 명목 국민소득은 5만 달러, 1인당
외환보유고는 세계 최정상권이다.

또한 싱가포르는 종교에 따라 서로 다른 사회관습을 유지하며 다민족 국가로서의
균형을 유지하고 있다. 사회보장제도는 아직 도입되지 않았으나 1955년부터 사회
복지시책으로 중앙복지연금제도를 설치해, 봉급자의 노후보장 및 지체불구로 인한
취업불능에 대비한 강제저축제도를 운영하고 있다. 정부 측의 강력한 주택정책 추
진으로 현재 싱가포르 국민의 70% 이상이 공동주택에 거주하고 있다.

> **Tip** 싱가포르란 이름의 유래는 다음과 같다. 전설에 따르면 14세기 스리비자야(Srivijaya) 왕국의 상 닐라
> 우타마(Sang Nila Utama) 왕자는 사슴을 쫓다 산 정상에서 새로운 섬을 보게 된다. 왕자는 새로운 섬으로 모
> 험을 떠났고, 도착한 섬에서 지금까지 한 번도 보지 못한 흰 갈기를 가진 사자를 발견한다. 왕자는 사자와
> 의 조우를 좋은 징조로 여겨 사자를 뜻하는 '싱가(Singa)'와 도시를 뜻하는 '푸라(Pura)'를 합쳐 '사자의 도시'
> 라는 뜻을 가진 '싱가푸라(Singapura)'라는 이름의 도시를 세운다.

■ **언어:** 공식 언어는 말레이어(Bahasa Melayu)이지만, 영어와 중국어가 주로 사용되며 인도계 타밀어도 사용된다(헌법에 명시된 4가지 공식 언어는 영어, 중국어, 말레이어, 타밀어다). 이외에 싱가포르에는 비공식 언어라고 할 수 있는 싱글리시도 있다. 싱글리시는 영어, 중국어, 말레이어, 타밀어, 현지 방언이 독특하게 뒤섞인 언어다. 현지인들이 쓰는 대부분의 문장 끝에 강조를 나타내는 "~lah"나, 의문문에 "~ka?" 등이 붙는데 이것이 바로 싱글리시다(OK lah = OK / Haiya, Nevermind one lah. = It's okay, don't worry).

■ **종교:** 불교 53.3%, 이슬람교 15.3%, 기독교 12.7%, 힌두교 3.7% 등이다.

■ **시차:** 'GMT+8'을 사용해 우리나라보다 1시간 늦다. 예를 들어 한국이 오전 10시일 때 싱가포르는 오전 9시다.

■ **기후:** 연중 최저 24℃, 낮 최고 31℃, 연평균 27℃인 열대 우림 기후로 온난다습하다. 건기와 우기의 구별은 뚜렷하지 않으며 비는 스콜 형태로 내린다. 몬순기간인 11~1월까지는 강수량이 보통 때보다 많은 편으로 오전까지 맑았다가 11~12시에 어김없이 장대비가 쏟아지며, 16~17시까지 오락가락 비가 내리는 경우가 대부분이다. 싱가포르 여행시 스콜을 대비해 우산이나 우비를 꼭 준비해야 하며, 11~1월 사이에 싱가포르를 찾을 경우 오전에는 실외 관광, 오후에는 실내 관광으로 일정을 만들어보는 것도 좋다.

■ **복장:** 티셔츠, 반바지, 바지 등 가벼운 여름 일상복을 입는 것이 좋다. 하지만 에어컨이 완비된 호텔, 백화점, 공공장소 및 식당 등지에서는 추울 수 있으므로 가벼운 자켓이나 카디건 등을 준비하자.

Tip 싱가포르는 1994년 4월 1일부터 간접세인 상품서비스세(GST: Goods and Services Tax)가 도입되었다. 싱가포르에서 구입·이용하는 모든 상품과 서비스에는 부가가치세인 상품서비스세가 부과되며, 상품서비스세는 7%의 세율이 적용된다. 특히 대형식당 및 고급식당이나 호텔을 이용할 경우에는 식사료나 숙박료 이외에 17%(봉사료 10%+GST 7%)가 붙는다. 예를 들어 고급식당 이용시 음식값이 S$100면 실제 지불해야 할 금액은 S$1170이며, 호텔 이용시 숙박료가 S$300면 실제 지불 값은 S$351인 것이다.

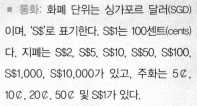

- 통화: 화폐 단위는 싱가포르 달러(SGD)이며, 'S$'로 표기한다. S$1는 100센트(cents)다. 지폐는 S$2, S$5, S$10, S$50, S$100, S$1,000, S$10,000가 있고, 주화는 5¢, 10¢, 20¢, 50¢ 및 S$1가 있다.

환율: S$1 = 801~856원 정도(2015년 기준)

S$50 이하 지폐: 플라스틱 재질과 종이 지폐가 같이 사용된다.

S$50 이상 지폐: 종이 지폐만 사용되며 고액권일수록 지폐 크기가 크다.

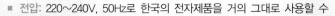

- 전압: 220~240V, 50Hz로 한국의 전자제품을 거의 그대로 사용할 수

있지만, 콘센트의 형태가 다르다(우리나라는 2구, 싱가포르는 3구). 간혹 사각형 구멍의 콘센트가 있는 경우도 있으므로 멀티 어댑터를 준비하는 것이 좋다.

- 물: 수돗물이 일급수이기 때문에 그대로 마셔도 되지만 마트나 편의점에서 생수를 구입해 마시는 것이 좋다.

- 치안: 강력한 법 체계를 유지하고 있는 안전한 나라지만 날치기나 소매치기가 있을 수 있으므로 항상 소지품 단속에 신경을 써야 한다. 또한 외곽지대나 심야 시간에는 강도·폭력 사건에 조심할 필요가 있다.

- 팁: 공식적으로 팁 문화가 없다. 공항에서의 팁은 금지되어 있으며, 10%의 서비스 요금을 받는 대규모 식당과 호텔 역시 팁을 받지 않도록 하고 있

다. 다만 호텔에서 벨보이가 짐을 옮겨주는 경우 매너 팁 S$2 정도면 충분하다.

■ 국제 전화하기: 싱가포르에서 한국으로 전화를 걸 때는 '001+82+지역번호 또는 이동통신 번호(0 제외)+전화번호' 순으로 누르면 된다. 예를 들면 '001+82+2(서울 지역번호)+전화번호' 또는 '001+82+10(이동 통신번호)+전화번호'를 누른다. 싱가포르에서 한국 수신자부담전화(Collect Call)로 걸 때는 다음의 번호를 이용하자.

한국통신: 8000-820-820

데이콤: 8000-821-821

■ 긴급 연락처: 비상사태 발생시 공중전화를 이용할 때는 전화를 걸기 전 붉은 버튼을 누르면 된다.

경찰: 999   주싱가포르 대한민국 대사관: 65-6256-1188

구급차: 995   주싱가포르 대사관 당직전화: 65-9654-3528

화재: 995, 1777

■ 싱가포르 내 종합병원

글렌이글스 병원(Gleneagles Hospital): 65-6470-3415

앙 모 키오 병원(Ang Mo Kio Hospital): 65-6453-8033

탄 톡 셍 병원(Tan Tock Seng Hospital): 65-6256-6011

Tip 1

싱가포르의 국부, 리콴유

2015년 3월 향년 91세로 타계한 리콴유 전 총리는 싱가포르가 말레이
시아로부터 독립하던 해인 1965년에 싱가포르 총리로 취임했다. 그는,
가난한 섬이었던 싱가포르를 무역·금융·물류 허브로 만들며 동남아
시아 최고의 경제 번영을 이룬 싱가포르 건국의 아버지. '청렴한 지
도자'라는 명성에 걸맞게 싱가포르뿐 아니라 해외 각국으로부터도 두
터운 신뢰를 받았으며, 현재까지도 칭송받는 지도자다운 지도자다.

Tip 2

싱가포르 가기 전에 꼭 알아두자!

싱가포르의 벌금 제도는 매우 엄격하다. '벌금의 나라'라는 말이 있을
정도이니, 입국 전 이를 염두에 두어야 하는 것은 당연지사다. 싱가포
르의 벌금 제도에 대해 간략하게 살펴보자.
싱가포르에서는 공공장소, 냉방시설이 갖추어진 실내, 술집, 클럽 등
유흥업소에서의 흡연을 전면적으로 금지하고 있다. 흡연 금지 법률을
위반하면 최고 S$1,000의 벌금이 부과되는 경우도 있으니 주의하자.
또한 공공장소에서 침을 뱉거나 쓰레기를 버릴 경우 적발시 최소
S$1,000의 벌금이 부과된다. 특히 껌은 수입 및 판매가 금지되어 있는
품목이다. 껌을 들여오다 적발되면 최소 S$1,000의 벌금이 부과된다.
그러니 싱가포르 방문시 껌 반입은 하지 않는 것이 좋다. 껌은 아예 판
매하지 않으며, 관광객이 자국에서 가져온 경우라도 공공장소나 거리
에서는 씹을 수 없다.

Tip 3

한국인들이 가장 많이 걸리는 벌금 사례
① 싱가포르 입국시 담배 반입(피우던 담배 한 갑은 괜찮지만 그 이상은 벌금)
② 금연 구역에서 흡연[건물 안, 건물 바로 앞(지붕 있는 곳), 버스정류장 등]

1. 여권 및 비자 만들기

여권 만들기

여권 발급신청서(또는 간이서식지), 여권용 사진 1매(6개월 이내에 촬영한 사진으로 전자 여권이 아닌 경우 2매), 신분증을 지참하고 발급 기관을 방문해서 직접 신청한다. 2013년 12월 1일부터 국내 17개 대행 기관에서 간소화된 과정으로 여권을 발급받을 수 있으니 외교부 여권 안내 홈페이지를 참조하자. 여권을 찾을 때 직접 방문할 필요 없이 우편 수령이 가능한 곳도 있으니 여권 발급시 해당 기관에 문의하면 된다.

여권 안내 홈페이지: www.passport.go.kr

여권 접수처: 전국에 236개의 여권 사무 대행 기관이 있다. 주민등록지와 상관없이 전국 어디에서나 접수 가능하다.

여권 발급 수수료: 단수 여권(1년 이내) 2만 원, 복수 여권(5년 초과 10년이내) 5만 3천 원

비자 만들기

관광 목적으로 90일 이내로 체류할 경우 비자가 필요 없다. 단, 여권의 유효기간이 6개월 이상 남아 있어야 한다.

 Tip 외국에서 여권을 분실했을 경우 대비&대처법

출국 전 대비: 여권에서 사진이 나와 있는 전면 부분을 3장 정도 복사하고, 여권용 사진도 2장 정도 준비한다. 복사본과 여권용 사진들은 한꺼번에 보관하지 말고 따로 보관한다.

여권 분실시 대처법: 가까운 경찰서에서 분실증명확인서(Police Report)를 받는다. 현지 한국 대사관 혹은 영사관에서 귀국용 여행증명서를 받아 여권 재발급 수속을 진행한다.

여권 재발급시 필요한 서류: ① 분실증명확인서 ② 여권 발급신청서 ③ 여권용 사진 2매 ④ 여권 분실 확인서 ⑤ 본인임을 증명할 신분증(여권 복사본으로 대체) ⑥ 기타 수수료

2. 항공권 구입하기

여행 일정이 확정되었다면 항공권을 구입하자. 싱가포르로 가는 항공권은 유효기간이 짧거나 다른 나라를 경유할 경우 저렴한 항공권이 많고, 파격적으로 덤핑행사를 하는 항공사도 많다. 물론 항공사에서 직접 구입하는 것보다 여행사나 인터넷 예약 사이트에서 구매하는 것이 더 저렴하다. 다만 환불이 불가능하거나 예약사항을 변경할 수 없는 제약이 있을 수 있다. 여행 날짜까지 시간상의 여유가 많을수록 저렴한 항공권이 많으니 다양한 사이트를 비교해보고 구입하도록 한다. 싱가포르로 여행을 갈 때는 싱가포르 창이국제공항을 이용하며, 한국에서는 인천국제공항, 김포국제공항, 김해국제공항을 통해서 출국한다.

항공권 예약 사이트

온라인투어: www.onlinetour.co.kr   와이페이모어: www.whypaymore.co.kr
에어아시아: www.airasia.com/kr/ko   인터파크투어: tour.interpark.com
탑항공: www.toptravel.co.kr

3. 숙소 예약하기

싱가포르의 숙소는 가격이나 조건, 위치에 따라 그 종류가 천차만별이다. 인터넷 사이트에 들어가면 쉽게 정보를 얻을 수 있으며, 최고급 호텔부터 유스호스텔, 게스트하우스, 렌탈하우스, 한인민박까지 여행자들의 취향과 가격대에 맞게 선택할 수 있다. 한국어로도 예약할 수 있기 때문에 해당 사이트나 홈페이지에 접속한 후 직접 예약하고 결제하면 된다. 한글 사이트 숙소는 예약이 편하지만 영문 사이트에 비해 가격이 비싼 편이니 참고하자. 각 숙소마다 위치나 여행자들의 이용후기 등을 꼼꼼히 살펴본 후 예약해야 실패할 확률을 줄일 수 있다. 인터넷 사이트에 들어가 호텔 숙박을 원하면 검색란에 '싱가포르 호텔', 유스호스텔을 원하면 '싱가포르 유스호스텔', 민박을 원하면 '싱가포르 민박'으로 검색하면 수많은 정보들을 쉽게 접할 수 있다. 싱가포르 여행자들에게는 도보 이동이 쉽거나 편의시설이 잘 갖춰진 오차드 로드 지역이나 마리나 지역 숙소가 인기 있다.

숙소 예약 사이트

아고다: www.agoda.co.kr   호텔자바: www.hoteljava.co.kr
호텔패스: www.hotelpass.com   아시아룸스: www.asiarooms.com

4. 예산 계획 및 여행 짐 꾸리기

여행 경비 중 항공권을 제외하고 가장 큰 비중을 차지하는 것은 숙박료이며, 여기에 교통비, 식사비, 입장료 등이 추가적으로 필요하다. 구체적인 예산은 자신이 추구하는 소비성향을 감안해 자유롭게 짜면 된다.

여행 짐을 꾸릴 때 꼭 챙겨야 하는 품목으로는 여권(분실을 대비한 여권 복사본과 여권용 사진 2장), 항공권(e-ticket 출력물), 호텔 예약증 및 호텔 주소, 여행자보험증, 우산, 우비, 멀티 어댑터(분실 대비 2개 정도), 크로스 가방(귀중품 보관), 필기구 및 수첩, 간단한 상비약(두통약·지사제·소화제), 카메라, 선크림 등이 있다. 그 외 물품들은 싱가포르 날씨를 감안해 준비하면 된다. 특히 수하물로 보내는 짐(20kg까지 가능)은 잘 정리해야 하고, 전자제품은 수하물로 보내지 말고 기내에 들고 타는 것이 좋다. 카메라, 노트북, 스마트폰 등 전자기기가 많다면 멀티탭을 준비하는 것이 편리하다.

> **Tip1** 100mL 이하의 액체류, 젤류, 스프레이류는 개별 용기에 담아 1인당 1L 투명 비닐 지퍼팩 1개에 한해 반입이 가능하며, 보안 검색을 받기 전에 다른 짐과 분리해 검색 요원에게 제시해야 한다. 100mL가 넘는 액체류 등의 기내 반입 금지 물품은 수하물로 부쳐야 한다.

> **Tip2** 멀티 어댑터를 구매하지 못했다면 인천국제공항 게이트 25번과 30번 사이에 위치한 전자제품 코너에서 구입할 수 있다.

5. 환전하기

여행지에서 사용할 돈을 환전하는 일은 여행 준비 과정에서 빼놓을 수 없는 중요한 일이다. 하지만 싱가포르 달러는 외환은행 및 일부 시중은행에서만 보유하고 있기 때문에 전화 문의 후 방문하는 것이 좋다. 공항에서 환전하면 편리하지만 환율에 따라 손해를 볼 수도 있다. 환전 우대쿠폰을 활용해 가까운 은행에서 환전을 하거나, 주거래 은행이 있다면 우대가 얼마까지 가능한지 확인 후 환전을 하는 것도 한 방법이다. 또한 은행까지 갈 필요 없이 인터넷 뱅킹으로 간편하고 경제적인 인터넷 환전 서비스를 이용할 수도 있다. 인터넷 환전서비스의 장점은 은행보다 더 좋은 우대를 받을 수 있다는 점과 영업시간 이외나 휴일에도 환전이 가능하다는 점이다.

싱가포르 달러는 기타 화폐로 분류되어 환전 우대를 받기가 쉽지 않지만 최대 50%까지 가능하다. 환전 우대쿠폰은 주거래 은행 사이트를 방문해 외환 업무 센터로 접속한 후 받을 수 있다. 환전하기 전 마이뱅크 사이트(www.mibank.me)에 접속한 후 은행별 환율을 비교해보는 것도 도움이 된다.

> **Tip1** 은행보다 더 좋은 환전 우대를 받을 수 있는 사설환전소(2015년부터 합법)를 이용하는 것도 한 방법이다. 마이뱅크 사이트를 접속하면 사설환전소 환율도 비교할 수 있다.
>
> **Tip2** 서울역의 IBK기업은행과 우리은행 환전소가 환전의 메카로 유명하다. 환전 우대쿠폰이 없어도 기타 통화인 싱가포르 달러는 40%까지 환전 우대를 받을 수 있다. IBK기업은행은 개인당 100만 원까지, 우리은행은 개인당 500만 원까지 환전이 가능하다. 환전 우대로 입소문이 나서 항시 대기시간이 있다.
> **IBK기업은행** 07:00~22:00(연중무휴)
> **우리은행** 06:00~22:00(연중무휴, 서울역 지하 2층)

6. 여행자보험

여행자보험은 선택이 아닌 필수다. 언제라도 발생할 수 있는 사고나 질병, 분실, 도난 등에 대해 보상받을 수 있기 때문에 꼭 가입을 해야 한다. 특히 요즘 여행자들은 노트북, 카메라 등 고가의 전자제품을 가지고 가는 경우가 많으므로 가입하는 것이 좋다. 여행자보험에 가입되어 있다면 물건을 잃어버렸을 때 현지 경찰서에서 조서(Police Report)를 작성한 후 한국으로 돌아와서 보험금을 청구할 수 있다. 특히 현지에서 사고나 질병으로 병원을 이용하게 된다면 만만치 않은 병원비에 대해서도 혜택을 받을 수 있다. 여행 기간이 짧더라도 여행자보험은 꼭 가입하도록 하자.

7. 데이터 로밍

싱가포르 대부분의 숙소에서 유무선 인터넷을 사용할 수 있지만 우리나라처럼 어느 곳에서나 무료 와이파이를 이용하기란 쉽지 않다. 무료 와이파이를 제공하지 않는 곳도 있으므로 데이터 로밍을 이용하는 것도 한 방법이다. 데이터 로밍이란 해외에서도 국내에서처럼 인터넷, 메일, 지도 검색 등을 이용하는 서비스다. 데이터 통신을 해외에서 이용할 때는 국내와 다른 데이터 로밍 요금을 적용받기 때문에 국내에서 이용할 때보다 많은 요금이 청구된다(구글 지도 검색 1회에 약 2,100원, 카카오톡 사진 전송 1회에 약 890원).

해외에서 데이터를 전혀 사용하지 않을 경우
원치 않는 데이터 요금 부과를 피하기 위해서는 스마트폰의 '환경설정' 메뉴에서 데이터 네트워크를 차단(비활성화)해야 한다. 다만 이용자의 재설정에 따라 데이터 네트워크가 활성화될 수 있으므로 완전한 차단을 위해서는 본인이 가입한 이동통신사에 직접 데이터 차단서비스(무료)를 신청하는 것이 더욱 안전하다.

해외에서도 무제한으로 데이터 사용을 원할 경우
본인이 가입한 이동통신사에서 데이터 로밍 서비스를 신청하는 것이 좋다. 24시간 단위로 약 1만 원 정도만 내면 무제한으로 데이터를 사용할 수 있다.

8. 해외 유심카드 이용하는 법

와이파이를 자유롭게 사용하고 싶다면 방문 국가의 이동통신업체에서 제공하는 해외 유심카드를 이용해보자. 이 서비스는 해당 국가의 국내 통신 요금과 같은 기준이 적용되므로 사용료가 매우 저렴하다. 게다가 선불 또는 후불로 사용이 가능하기 때문에 요금 폭탄을 맞을 위험이 적다. 포털 사이트에서 '싱가포르 유심'이라고 검색하면 싱가포르 유심을 판매하는 업체를 쉽게 찾을 수 있다. 싱가포르에 도착한 후 편의점이나 싱텔 대리점에서 유심을 구매해도 된다. 유심카드를 신청할 때는 우리나라로 통화가 가능한지, 비용은 어떻게 되는지 꼼꼼히 확인한 후에 구매한다. 유심카드는 일반형과 아이폰에서 사용하는 마이크로형이 있으므로 자신이 사용하는 스마트폰에 맞는 유심카드를 구매해서 장착해야 한다.

9. 면세점 이용하기

인천국제공항은 탑승 수속과 세관 신고 후 보안 검색을 마치면 면세품 쇼핑이 가능하다. 여권과 전자항공권으로 인터넷 면세점이나 서울 시내에 위치한 면세점을 이용할 수 있다. 여기서 구입한 물건은 공항의 면세품 인도장에서 수령하면 된다. 면세 구매 한도액은 출국시 3천 달러 이내, 입국시 600달러 이내이다. 초과시 세관에 신고한 후 세금을 납부해야 한다.

이 책에서 제시한 3박 4일 일정 예산 알아보기(입장료는 2015년 10월 기준)

구분	여행 일정	입장료 또는 경비
1일차	싱텔(유심칩)	S$15
	멀라이언 파크	–
	스카이 파크 전망대	S$23
	가든스 바이 더 베이+OCBC 스카이웨이	S$33
	마칸 수트라 글루톤스 베이 호커 센터 칠리크랩(식사)	S$29
	싱가포르 플라이어	S$33
	MRT 비용	S$10
	기타 경비(식사시 음료 등)	S$10
	1일차 총 경비	S$153
2일차	보타닉 가든+난초정원	S$5
	국립 박물관	S$10
	차이나타운+헤리티지 센터	S$8
	클락 키+리버 크루즈	S$24
	티안티안 하이난 치킨라이스(식사)	S$5
	혹람비프 고기국수(식사)	S$7
	송파 바쿠테(식사)	S$10
	야쿤 카야 토스트(간식)	S$5
	미향원 망고빙수(간식)	S$5
	림지관 육포(간식)	S$15
	통흥 에그타르트(간식)	S$2
	MRT 비용	S$10
	기타 경비(식사시 음료 등)	S$10
	2일차 총 경비	S$116
3일차	센토사 익스프레스	S$4
	유니버설 스튜디오 싱가포르	S$74
	팔라완 비치	–
	스카이 라이드 + 루지	S$17
	윙즈 오브 타임	S$10
	말레이시안 푸드 스트리트 차콰이테오(식사)	S$6

	락사(식사)	S$10
	라우 파 삿 호커 센터 피시볼(식사)	S$5
	라우 파 삿 사테(맥주 안주)	S$10
3일차	센토사 멀라이언 타워	S$12
	MRT 비용	S$5
	기타 경비(식사시 음료 등)	S$10
	3일차 총 경비	S$171
	무스타파 센터+술탄 모스크+아이온 오차드	–
	잠잠 레스토랑 무타박(식사)	S$8
4일차	MRT 비용	S$10
	기타 경비(식사시 음료 등)	S$10
	4일차 총경비	S$28
기타일정	주롱 새 공원+싱가포르 동물원	S$57
총 경비	1일+2일+3일+4일+기타 일정	S$525

싱가포르의 각 관광지 입장권을 저렴한 가격에 구매하고 싶은 여행자는 차이나타운 피플스 파크 센터 (People's Park Centre) 3층에 위치한 씨 휠 트래블(Sea Wheel Travel)에 방문해보자(130쪽 참고).

싱가포르 여행 정보 사이트

여행을 떠나기 전 싱가포르에 관한 정보를 모아놓은 사이트를 방문하면 더 많은 정보를 얻을 수 있고, 더 익숙하고 친숙하게 싱가포르를 여행할 수 있다. 효율적인 일정 짜기에도 도움이 되니 참고하자.

싱가포르 관광청(www.yoursingapore.com): 해외여행 준비를 위해서는 여행 장소의 관광청 사이트는 꼭 들러 보는 것이 좋다. 싱가포르 관광청 사이트에서 가장 유용한 것은 싱가포르 가이드북을 다운로드 받을 수 있다는 점이다.

싱가포르 관광청 블로그(yoursingaporeblog.com): 싱가포르 관광청 공식 블로그로 쇼핑, 맛집, 호텔, 축제 등 싱가포르 관련 여행 정보를 얻을 수 있다.

싱가폴 사랑(cafe.naver.com/singaporelove): 싱가포르를 사랑하는 사람들의 여행 정보 커뮤니티로 교통, 쇼핑, 숙박, 맛집 등의 다양한 정보를 담고 있다. 싱가포르를 여행하는 여행자들에게 도움이 될 만한 생생한 정보가 많다.

싱가포르 추천 숙소 소개

① MRT 시티홀 역 주변 최고급 럭셔리 호텔

리츠 칼튼 밀레니아(Ritz-Carlton Milenia): 리츠 칼튼의 명성에 걸맞게 최고급 시설을 갖춘 5성급 호텔이다. 질 높은 서비스와 통유리를 통해 바라볼 수 있는 싱가포르 야경이 자랑이다.
홈페이지 www.ritzcarlton.com

만다린 오리엔탈 싱가포르(Mandarin Oriental Singapore): 5성급 호텔로 마리나 베이를 바라보는 조망과 부채꼴 모양의 객실 배치가 특징적이며 깨끗한 객실을 자랑한다.
홈페이지 www.mandarinoriental.com

그랜드 파크 시티홀(Grand Park City Hall Hotel): 헤리티지 어워드에서 건축 부문 수상을 할 정도의 멋진 호텔로 5성급 같은 4성급 호텔이다. 무엇보다 MRT 시티홀 역이 바로 앞에 있어 접근성이 좋다.
홈페이지 www.parkhotelgroup.com

② MRT 클락 키 역 주변 호텔

스위소텔 머천트 코트(Swissotel Merchant Court): 넓은 객실, 청결하고 빼어난 경관을 자랑하는 수영장, 친절한 직원서비스로 한국인들이 많이 찾는 5성급 인기 호텔이다. 클락 키 산책을 위한 최적의 위치다.
홈페이지 www.swissotel.com

파크레지스 호텔(Park Regis): 수영장·휘트니스센터·레스토랑 등이 마련되어 있으며 깨끗한 호텔 객실 친절한 직원서비스가 장점인 4성급 호텔이다. MRT 클락 키 역에서 5분 거리이며 점보 레스토랑과는 2분 거리다.
홈페이지 www.parkregissingapore.com

홀리데이 인 익스프레스(Holiday Inn Express): 저렴한 가격으로 숙박을 해결할 수 있는 실속파를 위한 3성급 호텔이다. 7층 규모의 호텔로 깔끔하고 쾌적한 공간을 자랑한다.
홈페이지 ww.ihg.com/holidayinnexpress

쿼터스 호스텔(Quarters Hostel): MRT 클락 키 역 도보 5분 거리로 접근성이 좋은 2성급 호스텔이다. 간단한 조식도 제공되며 비싼 싱가포르 물가에 비해 알찬 숙박비가 장점이다.
홈페이지 www.stayquarters.com

③ MRT 오차드 역 주변 호텔

더 세인트 레지스 싱가포르(The St. Regis Singapore): SPG계열의 5성급 호텔로 오차드 로드 중심에 위치하며 보타닉 가든과도 가깝다. 주변 경치가 좋고 무엇보다 호텔 객실이 깔끔하다. 오차드 로드 쇼핑을 즐기는 여행자들에게 최적의 호텔이다.
홈페이지 www.stregissingapore.com

만다린 오차드 호텔(Mandarin Orchard Hotel): 오차드 로드의 만다린 갤러리 내에 위치한 5성급 호텔이다. 호텔 고층에는 수영장이 마련되어 있으며, 호텔 로비는 5층에 위치한다.
홈페이지 www.meritushotels.com/mandarin-orchard-singapore

④ MRT 부기스 역 주변 호텔

호텔 그랜드 퍼시픽(Hotel Grand Pacific): 호텔 내의 객실은 조금 노후되었지만 가격 대비 최고의 4성급 호텔이다. 만족스러운 조식, 수영장, 휘트니스센터의 부대시설, 친절한 직원서비스가 장점이다.
홈페이지 www.hotelgrandpacific.com

호텔 누베(Hotel Nuve): 10만 원 미만의 저렴한 가격으로 숙박할 수 있는 2성급 호텔이다. 객실은 작지만 혼자 싱가포르를 찾는 여행자들에게는 추천할 만하다.
홈페이지 www.hotelnuve.com

플레그런스 호텔(Fragrance Hotel): 저렴한 2성급 호텔로 객실이 깨끗하며, MRT 부기스 역에서 도보 5분 거리에 위치한다.
홈페이지 www.fragrancehotel.com

빅토리아 호텔(Victoria Hotel): 낡고 오래되었지만 싱가포르 물가에 비해 저렴한 2성급 호텔이다. MRT 부기스 역과 가까우며, 친절한 직원서비스와 깨끗한 객실이 장점이다.
홈페이지 www.victoriahotelsingapore.com

1. 출국 절차(인천국제공항 출발)

출국하기

대중교통을 이용해 인천국제공항에 가는 경우 공항 리무진 버스나 공항철도를 이용한다. 공항 리무진 버스의 경우 'KAL 리무진'을 비롯해 서울시, 수도권, 지방 등에 총 18개의 리무진 버스 노선이 운행되고 있다. 리무진 버스는 인천국제공항까지 바로 연결되어 있어 편리하다.

공항 리무진 버스 홈페이지: www.airportlimousine.co.kr

공항철도는 지하철과 연계가 가능하며, 서울역에서 출발하는 열차를 이용할 경우 인천국제공항까지 약 50분이면 도착한다. 특히 2014년 7월 1일부터 KTX인천국제공항역이 개통되어 지방 여행객의 경우 KTX 경부선, 호남선을 이용해 KTX인천국제공항역까지 바로 갈 수 있다.

코레일 공항철도 홈페이지: www.arex.or.k

> **Tip** 출국장 또는 출발장 내의 혼잡이 예상되므로 원활한 국제선 탑승을 위해서 항공편 출발 2시간 30분 전까지 각 공항 항공사 수속 카운터로 도착할 것을 권장한다.

출국 절차

공항에 도착하면 탑승 수속, 세관 신고, 보안 검색, 출국 심사를 거친 후 비행기에 탑승하면 된다.

탑승 수속: 인천국제공항 3층 출국장으로 가서 본인이 이용할 항공사의 체크인 카운터(A~M)를 찾고 탑승 수속을 받는다. 해당 항공사 카운터에서 여권과 항공권을 제출하고 비행기 좌석을 선택한 후 수하물(여행 가방 등)을 부치고 출국장으로 이동한다.

> (Tip) 자동 체크인 키오스크(self check-in)를 이용하면 좀더 빠른 탑승 수속이 가능하다. 비자가 필요 없는 국가(일본 및 동남아 지역)로 출국할 때 이용 가능하다. 여권 자동 인식으로 체크인한 후 셀프 체크인 전용 수화물 카운터에서 짐을 부치면 된다. 좌석도 직접 지정할 수 있다는 장점이 있다. 다만 대한항공, 아시아나항공, 제주항공 티켓만 이용 가능하다.

병역 신고: 병역 의무자가 국외를 여행하고자 할 때는 병무청에 국외여행 허가를 받고, 출국 당일 법무부 출입국에서 출국 심사시 국외여행 허가증명서를 제출해야 한다.

세관 신고: 만 달러 이상의 외환 소지자나 고가의 귀중품을 소지한 경우 휴대물품 반출신고서를 작성해야 한다. 귀국시 쇼핑 물품으로 곤란한 사항이 발생할 수도 있다. 세관에 신고할 사항이 없으면 보안 검색대로 바로 이동한다.

보안 검색: 기내 반입 물품을 점검받기 위해 휴대물품을 엑스레이 벨트 위로 통과시킨다.

출국 심사: 출국 심사대에서 여권과 탑승권을 보여주고 여권에 출국 도장을 받은 후 통과하면 출국 절차는 모두 끝난다.

비행기 탑승: 탑승권에 적힌 게이트로 출발시간 40분 전까지 이동한다.

> (Tip1) 탑승권 게이트가 101~132번이면 셔틀 트레인을 이용해 탑승동으로 이동한다.
>
> (Tip2) 자동출입국심사(KISS: Korea Immigration Smart Service)는 출입국 심사 대기시간 없이 신속하고 편리하게 출입국 심사를 할 수 있는 것으로, 기계에 여권을 직접 스캔하고 지문만 찍으면 출입국을 허가해주는 시스템이다. 먼저 등록센터에서 여권을 제시하고 개인정보를 직접 확인한 후 지문을 등록하고 얼굴 정면 사진을 촬영하면 자동출입국심사 신청이 완료된다. 등록 직  후부터 자동출입국심사대를 이용할 수 있으며, 한 번 등록하면 여권 만료 기한까지 이용이 가능하다. 다만 여권에 출입국 도장은 생략된다. 인천국제공항 법무부 등록센터는 인천국제공항 3층 외환은행과 로밍센터 사이에 있다.

2. 입국 절차(창이국제공항 도착)

입국하기

싱가포르 도심에서 20km 정도 떨어진 창이국 제공항은 인천국제공항에서 비행기로 6시간 10분이면 도착한다. 제1, 2, 3터미널이 있으며 여객 편의 위주로 설계한 세계 최고 수준의 국 제공항이다. 기내에서 입국신고서를 작성하고,

공항 도착 후 입국 심사, 수하물 찾기, 세관 검사를 받으면 된다.

입국 절차

출입국 카드

출입국 카드 및 휴대품 신고서 작성: 기내에서 승무원이 나눠주는 출입국 카드와 휴대품 신 고서에 영어로 빠짐없이 작성한다. 싱가포르 내 연락처는 싱가포르 여행 기간 동안 머무를 숙박업소 주소를 기재하면 된다.

입국 심사: 비행기에서 내리면 입국 심사장으로 이동해 입국 심사를 받는다. 입국 심사 (Immigration) 표지판을 따라 이동해 'All Passports'라고 적힌 입국 심사대로 가서 직원이 있는 창 구 앞 정지선(Stop Line)에서 대기한다. 이민국 직원의 안내에 따라 여권과 기내에서 작성한 출입 국 카드를 제시하면 직원이 여권에 입국 도장을 찍고 90일 체류 입국 허가증을 준다. 이때 돌려받 은 출국카드는 출국 회수용이므로 버리지 말고 잘 보관해야 한다.

┃ 입국 심사장으로 가는 길 ┃

① 비행기에서 내려 도착 이정표를 따라 이동한다.

② 입국 심사 표지판 쪽으로 이동한다.

③ 'All Passports' 라인으로 이동한다. 줄을 선 뒤 여권과 입국신고서로 입국 절차를 밟는다.

수하물 찾기: 입국 심사를 끝내고 나오면 모니터에서 자신이 이용한 비행기 편명의 수하물 수취 번호를 확인한 후 해당 창구로 가서 짐을 찾는다.

┃수하물 찾으러 가는 길┃

① 수하물 표지판을 보고 이동한 뒤 모니터에서 자신이 타고 온 편명 수하물 코너를 확인한다.

② 수하물을 수취한 후 세관 코너로 이동한다.

세관 검사: 고가의 반입품이나 신고할 물품이 없다면 녹색 라인 'Nothing to declare' 출구로 나간다. 신고 대상 품목이 있다면 빨간색 라인 'Goods to declare' 쪽으로 이동해 세관 신고를 한 후 나가면 된다.

> Tip 싱가포르 반입 금지 품목 및 반입 허용 범위
> 싱가포르는 마약류, 껌, 씹는 담배, 폭죽, 비디오 테이프, CD, 권총 모양의 라이터 등이 반입 금지 품목이다. 술 같은 경우는 1L까지만 반입이 허용되고, 담배는 뜯어진 상태의 담배 1갑(총 19개피)만 반입이 허용된다. 허용 범위를 초과할 경우 담배 1개피당 S$10의 벌금이 부과된다.

3. 창이국제공항에서 시내로 이동하기

1981년에 설립된 창이국제공항은 싱가포르 중심부에서 북동쪽으로 약 20km 떨어진 창이에 위치한다. 싱가포르 정부 소유이며 싱가포르 민간 항공국에서 운영한다. 현재 3개의 터미널을 가지고 있으며 2017년을 목표로 제4터미널이 공사중이다. 싱가포르 항공의 허브공항으로 80여 개의 항공회사가 이용하고 있으며 매주 4천 편의 운항으로 190개 도시를 연결하고 있다. 특히 제2터미널은 현대건설이 수주해

1991년에 오픈했다. 제3터미널은 지상 4층 규모의 터미널로 1층에는 편의점, 기념품 가게, ATM, 환전소, 관광안내소, 유료 VIP룸 등이 있고, 2층에는 카페, 기념품 가게 등이 있으며, 3층에는 음식점, 유료 샤워실, 4층에는 비즈니스 라운지 등이 있다. 창이국제공항에서 시내로 이동할 수 있는 교통편으로 MRT(지하철), 버스, 에어포트 셔틀, 택시 등이 있다.

창이국제공항 홈페이지: www.changiairport.com

유료 샤워실(3층 퍼블릭 구역): www.thehaven.com.sg

MRT(Mass Rapid Transit, 지하철) 이용하기

싱가포르 시내로 이동할 수 있는 가장 저렴하고 빠른 교통수단이다. 공항에서 동서라인(East West Line) MRT를 타고 타나메라(Tanah Merah) 역으로 이동한다. 타나메라 역에서 환승 후 시내가 있는 시티홀이나 예약해둔 숙소까지 이동한다. 공항에서 시티홀까지 지하철 요금은 S$1~2 정도다.

운행시간: 05:30~25:00(노선에 따라 상이)

홈페이지: www.smrt.com.sg

| MRT 매표소 가는 길 |

① 출구로 나온 후 'train to city' 표지판을 따라 이동한다.

② 첫 번째 에스컬레이터를 타고 내려가면 두 번째 에스컬레이터가 나온다.

③ 두 번째 에스컬레이터를 타고 내려오면 티켓 사무실과 티켓 발권기가 보인다.

④ 티켓 사무실에서는 08:00~21:00까지 표 구매가 가능하다.

⑤ 티켓 사무실 영업시간이 종료되었거나 혼잡하다면 티켓 발권기를 이용하자.

⑥ 표 구입 후 개찰구를 지나 MRT에 탑승한다.

Tip

어느 항공사를 이용하느냐에 따라 도착하는 공항 터미널이 달라진다. 아시아나 · 싱가폴 · 베트남 에어라인을 이용하면 공항 제3터미널 도착이고, 대한항공 · 말레이시아 · 싱가폴 에어라인을 이용하면 제 2터미널 도착이다. 하지만 MRT 매표소에 가는 방법은 동일하다. 터미널에 도착 후 'train to city' 표지판 쪽으로 이동한 뒤 에스컬레이터를 2번 타고 내려가면 매표소가 보인다.

▮ 발권기에서 MRT 표 구입하기 ▮

① 왼쪽 'Buy standard Ticket'에서 'Map'을 터치한다.

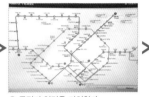

② 목적지 역명을 터치한다.

③ 목적지까지의 금액을 확인한다(보증금 S$1가 포함된 금액이다).

④ 오른쪽 위 지폐 투입구에 돈을 투입한다(지폐는 S$2, S$5만 사용 가능하며 역 안내소에서 환전도 가능하다).

⑤ 승차권과 잔돈이 나온다.

 보증금 환불은 'RETURN DEPOSIT'을 터치한 후 카드를 넣으면 된다.

버스 이용하기

제1, 2, 3터미널 지하 정류장에서 36번 버스를 타고 시내(오차드 로드, 선텍시티, 래플스 호텔 등)로 이동할 수 있다. 요금(S$2)은 저렴하지만 시내까지 이동하는 데 많은 시간이 소요되며, 안내방송이 나오지 않는다는 단점이 있다. 버스 운행시간은 시간은 오전 6시부터 오후 10시 40분까지이니 참고하자.

홈페이지: www.sbstransit.com.sg

에어포트 셔틀 이용하기

공항에서 호텔 앞까지 운행하는 유용한 교통수단 중 하나다. 안전하고 편리하다는 장점이 있지만, 만석이 되어야 출발하며 이용자들의 모든 호텔을 경유한다는 단점이 있다. 운행시간은 24시간이며 비용은 S$9(성인 기준)다. 도착층 에어포트 셔틀 데스크(Ground Transport Desk)에서 목적지로 가는 표를 구입할 수 있다. 표를 구입한 후 에어포터 셔틀 표지판을 따라 이동한 후 셔틀을 타면 된다.

택시 이용하기

도착층에서 이용할 수 있는 또 다른 교통수단이다. 30여 분만에 시내에 도착할 수 있지만 다른 교통수단에 비해 요금이 비싸다. 심야 시간(24:00~06:00)에는 총 요금에 50%의 할증이 부가된다. 공항에서 시내까지 비용은 S$30 정도다.

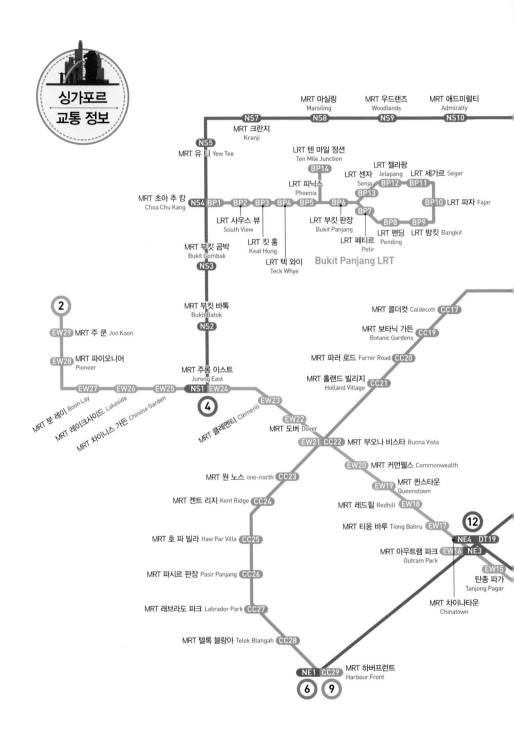

싱가포르
교통 정보

MRT 마실링 Marsiling
MRT 우드랜즈 Woodlands
MRT 애드미럴티 Admiralty
NS7 NS8 NS9 NS10
MRT 크란지 Kranji
NS5 MRT 유 티 Yew Tee
LRT 텐 마일 정션 Ten Mile Junction
BP14
LRT 피닉스 Phoenix
LRT 센자 Senja
LRT 젤라팡 Jelapang
LRT 세가르 Segar
MRT 초아 추 캉 Choa Chu Kang
NS4 BP1 BP2 BP3 BP4 BP5 BP6
BP13 BP12 BP11
BP10 LRT 파자 Fajar
LRT 사우스 뷰 South View
LRT 부킷 판장 Bukit Panjang
BP7
LRT 킷 홍 Keat Hong
MRT 부킷 곰박 Bukit Gombak
BP8 BP9
LRT 펜딩 Pending
LRT 방킷 Bangkit
NS3
LRT 페티르 Petir
LRT 텍 와이 Teck Whye
Bukit Panjang LRT
MRT 부킷 바톡 Bukit Batok
2
NS2
MRT 콜더컷 Caldecott CC17
EW29 MRT 주 쿤 Joo Koon
MRT 보타닉 가든 Botanic Gardens CC19
EW28 MRT 파이오니어 Pioneer
MRT 파러 로드 Farrer Road CC20
MRT 주롱 이스트 Jurong East
NS1 EW24
MRT 홀랜드 빌리지 Holland Village CC21
EW27 EW26 EW25
MRT 분 레이 Boon Lay
MRT 레이크사이드 Lakeside
MRT 차이니스 가든 Chinese Garden
EW23
4
EW22
MRT 클레멘티 Clementi
MRT 도버 Dover
EW21 CC22 MRT 부오나 비스타 Buona Vista
MRT 원 노스 one-north CC23
EW20 MRT 커먼웰스 Commonwealth
MRT 켄트 리지 Kent Ridge CC24
EW19 MRT 퀸스타운 Queenstown
MRT 레드힐 Redhill EW18
MRT 호 파 빌라 Haw Par Villa CC25
MRT 티옹 바루 Tiong Bahru EW17
12
NE4 DT19
MRT 파시르 판장 Pasir Panjang CC26
MRT 아우트램 파크 Outram Park EW16 NE3
EW15
MRT 래브라도 파크 Labrador Park CC27
탄종 파가 Tanjong Pagar
MRT 차이나타운 Chinatown
MRT 텔록 블랑아 Telok Blangah CC28
NE1 CC29 MRT 하버프런트 Harbour Front
6 9

1. MRT

우리나라의 지하철에 해당하는 MRT는 싱가포르 도시 전체를 아우르는 교통수단으로, 쉽고 편리하게 이용할 수 있어 여행자들의 든든한 발이 되어준다. 싱가포르 땅 자체가 크지 않기 때문에 MRT 이용만으로도 싱가포르 중심부 및 섬 구석구석까지 둘러볼 수 있다. 첫 노선은 1987년에 개통되었으며 급속한 성장과 함께 현재 5개의 노선 107개의 철도역이 운영되고 있다. 보통 오전 5시 30분에 운행을 개시하면 다음 날 오전 1시에 운행을 종료한다. 약 5분 간격으로 도착하기 때문에 여행자들이 가장 손쉽게 이용할 수 있는 교통 시스템이다. 여행자들의 필요에 따라 일회성 승차권부터 여행자들을 위한 할인 패스(이지링크 카드, 스탠다드 티켓, 투어리스트 패스)까지 여러 가지 발권 시스템을 지원하고 있으니 꼼꼼히 따져보고 활용해보자.

> (Tip) 싱가포르는 공공의 이익을 최우선으로 하기 때문에 MRT 역내에는 음료수를 비롯한 음식물을 먹을 수 없다. 위반시 S$500의 벌금이 부과된다.

2. 버스

싱가포르 구석구석까지 운행되고 있어 현지인들에게는 편리한 교통 시스템이 될 수 있지만, 버스 안내 방송이 나오지 않기 때문에 여행자들을 위한 교통 시스템으로는 대중적이지 않다. 버스 요금은 거리에 따라 다르지만 보통 S$1~3정도이며 현금 결제시 버스 요금 이외의 잔돈을 돌려주지 않기 때문에 잔돈을 준비하는 것이 좋다. 이지링크 카드 소지자는 이지링크 카드로 결제가 가능하다. 단층 버스, 2층 버스, 연결버스 등 다양한 종류가 있다.

3. 나이트 버스

금요일, 토요일, 공휴일 전날 운행된다. 나이트 아울(Nite Owl), 나이트 라이더(NR), 이렇게 2종류가 있다. 운행시간은 MRT나 버스의 운행이 종료된 밤 11시 30분부터 새벽 4시 30분까지다. 버스 요금은 이지링크 카드와 현금으로 지불 가능하며 요금은 S\$4다. 외곽지역이 아닌 도심지 내에서만 이용할 경우에는 S\$1.5다.

4. 택시

2008년부터 도심지역에서 택시를 이용할 경우 택시 정류장에서만 이용 가능하다. 노란선이나 지그재그 선이 칠해진 도로에는 택시가 정차할 수 없다. 즉 목적지에 도착해도 한국처럼 바로 내려주지 않고 목적지 주변 택시 정류장까지 이동한다. 싱가포르 택시는 바가지요금 없이 대부분 정직한 요금 체계를 지키고 있으며 예약 시스템이 발달되어 있다. 택시 미터기는 2개가 있고, 목적지에 도착하면 요금이 계산된 미터기를 보여준다. 콜택시는 'On Call', 승객이 있는 택시는 'Hired', 빈 택시의 경우 'Taxi'라는 등이 켜져 있다. 기본요금은 1km에 약 S\$2.8이고, 콜택시는 기본요금에 S\$3가 추가된다. 아침 7시부터 9시 30분(월~금), 오후 5시부터 저녁 8시(월~토)까지는 출퇴근 할증이 붙어 미터기 요금의 25%가 추가되며, 자정부터 5시 59분까지는 심야 할증이 붙어 미터기 요금의 50%가 추가된다.

주요 택시 회사

컴포트 / 시티캡(Comfort / CityCab): 65-6552-1111

맥시캡(Maxi Cab): 65-6535-3534

SMRT 택시(SMRT Taxis): 65-6555-8888

프리미어 택시(Premier Taxis): 65-6476-8880

처음 해외여행을 떠나는 여행자들이 가장 두려워하는 것은 혹시 발생할지 모르는
불미스러운 일이나 언어적인 문제다. 그런 두려움을 덜어주는 다양한 애플리케이
션이 있으니 애플 앱 스토어나 구글 플레이 스토어에서 무료로 설치해 여행지에 대
한 두려움 없이 마음껏 즐겨보자. 다만 로밍을 한 경우가 아니면 고가의 데이터 요
금이 부가되니 주의하자.

안전 지킴이, 외교부 애플리케이션 '해외안전여행'

외교부는 해외여행시 위기상황에 직
면했을 때의 대처방법을 '해외안전여
행'에서 제공한다. 해외여행은 위험요
소가 많고 언어가 다르다 보니 문제가
발생했을 때 쉽게 해결하기가 어렵다.
여행 전 이 앱을 미리 받아놓으면 문
제 상황에 대한 대처방법을 상세히 안
내받을 수 있다. 이 앱은 도난·분실·
소매치기, 교통사고·질병·길 잃음·

구조 요청, 체포 구금·피랍·테러, 지진·해일 등 각종 위기상황시 초기 대응요령을
안내한다. 또한 170개 재외 공관, 110개 국가의 경찰·화재·구급차 신고 번호, 국
내 11개 보험사, 국내 9개 카드사, 영사콜센터 등의 비상연락처를 알려준다. 그밖에
기내 반입품목, 세금 환급, 응급처치법 등의 종합적인 정보도 제공한다. 특히 영사
콜센터에서는 해외 재난 대응, 사건·사고 접수, 해외안전여행 지원, 신속해외송금
지원, 영사민원 등에 관한 상담서비스까지 제공하고 있다. 해외안전여행 홈페이지
(www.0404.go.kr)에서 더 많은 정보들을 얻을 수 있다.

현지가이드, 자동 통역 애플리케이션 '지니톡(GenieTalk)'

'지니톡'은 한국전자통신연구원에서 개발한 여행용 한/일, 한/영 양방향 자동 통역 앱으로 외국인과의 자유로운 의사소통을 위한 동시통역 서비스를 제공한다. 일상생활 및 관광 관련 표현을 통역해주며 오류가 적고, 상대적으로 통역 속도가 빠른 편이다. 현재 미국, 일본, 캐나다, 호주 등 세계 10여 개국에서 유용하게 사용중이다.

2018년 평창 동계올림픽까지 스페인어, 프랑스어, 독일어, 러시아어 등 총 8개국 자동통역 기술을 개발할 계획이다. '텍스트'와 '직접 말하기'의 2가지 방식으로 지원되며, '직접 말하기'는 통역 언어를 설정한 후 이용할 수 있다. 예를 들어 한국어를 입력하면 영어로, 영어를 입력하면 한국어로 통역된다. 통역을 수행할 경우 문장을 읽어주는 동시에 텍스트로도 볼 수 있어 서툴러도 따라 읽으면 된다. 해외여행을 떠나기 전 자주 사용하는 회화를 입력한 후 저장해놓고 현지에서 꺼내 쓰는 북마크 기능으로 훨씬 유용하게 이용할 수 있다.

질병으로부터의 건강한 삶, 질병관리본부 애플리케이션 'mini'

질병관리본부에서 제공하는 애플리케이션 'mini'는 국내외에서 발생하고 있는 주요 감염병 정보를 빠르고 정확하게 전달해 감염병을 사전에 예방·관리할 수 있게 도와주며, 여행을 떠날 국가별로 필요한 예방접종과 여행 국가에서 발생한 해외 감염병에 대한 정보가 담겨 있다. 이 앱의 주요 기능인 '뉴스레터' '주간 건강과 질병'을 통해 질병 관련 정보를 제공하며, '보건소 찾기' '건강 캠페인'을 통해 질병관리본부의 다양한 이벤트와 편리한 보건소 위치 검색서비스를 제공한다. '주의사항' 메뉴에서는 해외여행 전후, 해외여행중 각각의 경우에 대한 건강지침서를 제공한다. 여행중에는 특히 급격히 달라진 음식과 물 때문에 배앓이를 하는 경우가 많으므로 관련 정보를 숙지하는 것이 좋다.

싱가포르 현지에서의 길 안내 도우미, 필수 앱 모음

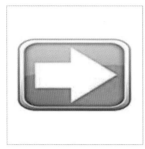

싱가포르 맵(map): 싱가포르 맵은 싱가포르 지도 애플리케이션으로 교통편과 이동 경로, 예상 시간을 검색하는 데 유용하다. 싱가포르 구석구석을 상세하게 안내하는 길 안내 도우미인 셈이다. GPS 정보를 통해 현재 본인의 위치를 파악할 수 있으며, 실시간 운행되는 버스 시간도 검색할 수 있다. 또한 메뉴 버튼 중 'DIRECTIONS'을 선택해 목적지를 검색하면 택시·버스·MRT·도보로 이동시 최적의 경로와 시간, 비용을 알려준다. 'SEARCH' 메뉴에 목적지의 주소나 상호를 입력하면 보다 편리하게 정보를 얻을 수도 있다.

NAVITIME Transit SG: 'NAVITIME Transit'의 싱가포르 버전은 MRT·LRT에 대한 정보를 담고 있는 애플리케이션이다. 화면에 나타난 노선표에 출발지와 도착지를 표시하면 이동 경로를 알려주며, GPS 정보를 통해 현재 본인의 위치에서 가장 가까운 역을 안내해준다. 한국어를 포함해 영어, 스페인어 등 다국어로 지원된다.

싱가포르 가이드: '싱가포르 가이드'는 역사·지리·기후 등 싱가포르의 기본 정보를 비롯해 여행자들이 꼭 둘러봐야 할 관광 코스, 연중 축제 관련 정보 등 다양한 정보를 수록해놓은 애플리케이션이다. 추가적인 관광 정보를 취득하는 데 유용하다.

싱가포르 자유 여행,
다양한 투어 프로그램

싱가포르에서의 일정을 시작하기 전 다양한 투어 프로그램을 알아두면 좋다. 여기서는 싱가포르 여행을 더욱 풍성하게 해줄 투어 프로그램을 몇 가지 소개하고자 한다.

1. 덕 앤 히포(Duck&Hippo)에서 운영하는 대표 투어

시티 사이트싱 싱가포르(City Sightseeing Singapore)

CS 레드 헤리티지 루트(빨간버스)

CS 옐로우 시티 루트(빨간버스)

오리지널 투어(갈색버스)

시내 관광 투어로 주요 명소나 호텔 등을 24시간(구매한 시각 기준) 혹은 2일간 무제한으로 즐길 수 있는 투어 프로그램이다. 싱가포르의 대표적인 관광지를 둘러볼 수 있는 '오리지널 투어'와 술탄 모스크, 리틀 인디아를 아우르는 'CS 레드 헤리티지 루트', 보타닉 가든까지 포함하는 'CS 옐로우 시티 루트' 등이 있다. 티켓은 온라인 혹은 선텍시티(Sunteck City) 덕 앤 히포 카운터에서 구입한다. 11개국(한국어 포함)의 오디오 가이드가 마련되어 있어 주요 관광지에 대한 설명도 쉽게 들을 수 있다.

요금: 1일권 성인 S$33, 아동 S$23, 2일권 성인 S$39, 아동 S$27

매표소: 선텍시티 덕 앤 히포 카운터(온라인 구매 가능)

전화번호: 65-6338-6877

홈페이지: www.ducktours.com.sg/hippo.php

시티 사이트싱 싱가포르 자세히 알아보기!

CS 레드 '헤리티지' 루트(빨간버스)
운행시간: 09:40~17:20
주요코스: 술탄 모스크→리틀 인디아→무스타파 센터→보타 키→차이나타운→마리나 베이 샌즈

CS 옐로우 시티 루트(빨간버스)
운행시간: 08:30~18:30
주요코스: 싱가포르 플라이어→마리나 베이 샌즈→클락 키→보타닉 가든→오차드 플라자→싱가포르 예술 박물관

오리지널 투어(갈색버스)
운행시간: 09:00~18:00
주요코스: 싱가포르 플라이어→멀라이언 파크→차이나타운→클락 키→오차드 플라자→리틀 인디아→부기스 빌리지

덕 투어

 덕 투어는 제2차 세계대전 당시 미국이 베트남전에서 사용했던 전투 차량인 수륙양용차를 개조해서 관광 상품화한 투어 프로그램이다. 육지와 바다를 누비며 싱가포르의 유명 관광 명소들을 함께 둘러볼 수 있다. 싱가포르의 인기 관광 상품으로 유쾌한 여행 경험을 만들 수 있다.

운행시간: 10:00~18:00(체크인을 위해서 30분 전에 도착할 것)

소요시간: 60분 동안 투어 진행

요금: 성인 S$37, 아동 S$27

매표소: 선텍 덕 앤 히포 카운터(온라인 구매 가능. 온라인으로 티켓을 구입한 경우 선텍 탑승장에서 보딩 패스로 교환 후 탑승)

나이트 투어(Night Tour)

싱가포르의 역동적인 야경을 구경할 수 있는 투어 프로그램이다. 길게 늘어선 노점들, 아름다운 정원, 거리의 화려한 불빛 등 싱가포르다운 모습을 감상할 수 있다.

운행시간: 18:30~21:30

소요시간: 3시간

요금: 성인 S$43, 아동 S$33

매표소: 선텍시티 덕 앤 히포 카운터(온라인 구매 가능)

| 선텍시티 덕 앤 히포 카운터 가는 길 |

 > 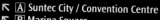 >

① MRT 에스플러네이드(Esplanade) 역에서 하차한다.

② 개찰구를 통과한 뒤 A 출구로 이동한다.

 >

③ 출구로 나오면 선텍시티 건물이 있다. 선텍시티 건물을 오른쪽에 두고 직진한다.

④ 오른쪽에 매표소가 있다.

2. 리버 크루즈

싱가포르 북부 강변을 따라 40분 동안 보트 키(Boat Quay), 클락 키(Clake Quay), 마리나 베이(Marina Bay) 등 싱가포르 최고의 부두와 멀라이언(Merlion), 래플즈 상륙지(Raffles Landing Site), 에스플러네이드와 같은 역사적 장소를 경유하는 투어 프로그램이다. 리버 크루즈 투어를 이용하면 역사·문화를 테마로 가장 아름다운 싱가포르의 모습을 유람선 위에서 즐길 수 있다. 특히 일몰 후 리버 크루즈를 타면 조명을 밝힌 고층 건

물과 부두의 풍경들이 자아내는 멋진 야경을 감상할 수 있다. 또한 자유롭게 승하선이 가능하니 좀더 둘러보고 싶은 곳이 있다면 중간에 내려서 여유롭게 여행을 즐겨도 좋다.

운행시간: 09:00~22:00(마지막 배 출발시간 22:30)

요금: 성인 S\$25, 아동 S\$15

매표소: 보트 키, 클락 키, 멀라이언 파크 등의 선착장

주요코스: 클락 키→보트 키→에스플러네이드→멀라이언 파크→마리나 베이 샌즈→가든스 바이 더 베이

전화번호: 65-6336-6111

홈페이지: www.rivercruise.com.sg

3. 시아 홉온 버스(Sia Hop-On Bus)

싱가포르의 주요 관광지나 명소를 순회하는 시티투어 버스다. 1일권 구입 후 무제한으로 타고 내릴 수 있다. 계획한 여행 일정에 맞게 활용할 수 있어 자유 여행에 매우 유용하다.

운행시간: 시내지역 09:00~19:30(30분 간격으로 운행), 센토사 구간 10:00~17:30(90분 간격으로 운행)

요금: 성인 S\$25, 아동 S\$15 (싱가포르항공 이용자는 시티투어 티켓 구입시 보딩 패스를 제시하면 저렴한 가격에 이용할 수 있다. 성인은 S\$8, 아동은 S\$4), 싱가포르 홀리데이 프로그램 이용자는 무료

매표소: 버스 탑승 후 운전기사에게 직접 구입

주요코스: 싱가포르 플라이어→올드시티→차이나타운→리버사이드→보타닉 가든→오차드 로드→리틀 인디아→부기스

전화번호: 65-6734-9923

홈페이지: www.siahopon.com

4. 펀비 오픈 톱 버스(Funvee Open Top Bus)

펀비는 시티투어 후발 주자이며 여행자들의 호텔에서 가까운 승차장까지 픽업 서비스도 제공할 만큼 서비스 시스템을 잘 갖추고 있다. 다양한 코스 개발로 투어 지역은 넓고, 가격도 저렴하다. 개방형 2층 버스로 2층에 탑승하면 시원한 바람을 맞으며 시내를 구경할 수 있다. 하지만 낮 시간에는 따가운 자외선에 노출될 수 있으니 조심하자.

요금: 성인 S$22.9, 아동 S$16.9

매표소: 버스 탑승 후 운전기사에게 구입(온라인상으로 구입할 경우 S$1 저렴하게 구입할 수 있음)

전화번호: 65-6738-3338

홈페이지: www.citytours.sg

 펀비 오픈 톱 버스 자세히 알아보기!

그린루트(Green Route)
운행시간: 09:00~17:00
주요코스: 싱가포르 플라이어→멀라이언 파크→라우 파 삿→차이나타운→클락 키→보타닉 가든→싱가포르 플라이어

레드루트(Red Route: 센토사행)
운행시간: 09:45, 11:45, 15:45, 17:45 출발, 1일 4회
주요코스: 싱가포르 플라이어→유니버설 스튜디오→센토사 섬→선텍시티→싱가포르 플라이어

오렌지루트(Orange Route)
운행시간: 10:45~16:45
주요코스: 싱가포르 플라이어→마리나 베이 샌즈→가든스 바이 더 베이→클락 키→아랍 스트리트→마리나 스퀘어→싱가포르 플라이어

Tip2 처음 싱가포르를 방문하는 여행자들이라면 앞서 소개된 다양한 투어 버스들을 어디에서 타고 내려야 하는지 걱정될 수 있다. 하지만 싱가포르 현지에 도착해서 거리를 다니다 보면 흔하게 볼 수 있는 것이 바로 투어 버스들이다. 이용을 원한다면 각 버스정류장에서 쉽게 타고 내릴 수 있으니 걱정하지 말자.

싱가포르 여행의 필수품,
다양한 교통카드 및 유심칩

1. 이지링크 카드(Ez-Link Card)

싱가포르는 다른 관광지에 비해 교통 이용방법이 편리하다. 게다가 MRT나 버스를 탈 때마다 승차권을 구매해야 하는 불편을 덜어주는 교통카드도 있으니 잘 활용해보자. 싱가포르판 티머니 카드인 이지링크 카드는 교통 IC카드로 한국의 교통카드와 같은 개념으로 이해하면 된다. 카드 구입시 카드 보증금 S$5와 충전금 S$7를 함께 지불하며, 잔액이 S$3 미만이면 사용이 불가하다. 사용 후 잔액이 S$10 이상이면 보증금 S$5를 제외한 모든 금액을 MRT 티켓 판매소에서 환불받을 수 있다. 이지링크 카드는 각 역의 티켓 판매처에서 직접 구입한다. 티켓 판매처에 가서 "이지링크 카드"라고 이야기하면 쉽게 구입할 수 있으며, 충전시에는 각 역에 마련된 발급기에서 직접 충전하면 된다.

비용: S$12

홈페이지: www.ezlink.com.sg

Tip 싱가포르 투어리스트 패스

여행자용 카드에는 1일권, 2일권, 3일권. 이렇게 3가지 종류가 있다. 1일권을 구매하면 하루 동안 무제한으로 MRT와 일반 버스를 이용할 수 있다. 각 요금은 보증금 S$10가 포함된 금액이며, 구매일 기준으로 5일 이내에 카드를 반납하면 보증금을 돌려받을 수 있다.

요금: 1일권 S$20, 2일권 S$26, 3일권 S$30

① 발권기에 이지링크 카드를 올려놓는다.

② 'ADD VALUE'를 터치한다.

③ 'CASH'를 터치한다.

④ 충전금액을 선택한다.

⑤ 충전금액을 투입한다.

⑥ 금액이 맞으면 'OK'를 터치한다.

⑦ 완료되면 총 금액을 확인한다

⑧ 녹색 불이 들어오면 카드를 회수한다.

2. 스탠다드 티켓(Standard Ticket)

우리나라의 1회용 승차권과 같은 개념이다. 탈 때마다 한 장씩 구매하는 편도 티켓이며 목적지에 따라 요금이 달라진다. 구매시 보증금 S$1가 추가되며 목적지에 도착한 후 환불받을 수 있다. 스탠다드 티켓은 기본적으로 1회용이기 때문에 사용 후 버려도 괜찮지만, 30일 이내에 최대 6회까지는 충전해서 사용이 가능하다. 재사용시에는 각 역 발급기에서 목적지까지의 금액을 충전하면 된다.

3. 유심칩

싱가포르 여행중 언제 어디서나 와이파이를 사용하고 싶다면 싱가포르 현지에서 유심칩을 구매해보자. 싱가포르의 대표적인 유심칩 브랜드에는 싱텔(안드로이드용)과 스타허브(아이폰용)가 있다. 그 중 싱텔에서 나온 것이 가장 인기가 많다. 싱텔 유심칩은 7일 동안 1GB를 사용할 수 있으며 구입 금액은 S$15다. 자신의 핸드폰에 맞는 칩의 종류를 확인한 후 구매하도록 한다. 속도는 느리지만 구글 지도, 카카오톡, 보이스톡, 페이스북 등은 무리 없이 이용 가능하며, 요금도 데이터 로밍보다 저렴하다. 다만 우리나라 통신사 유심칩을 빼면 한국에서 보내는 전화나 문자는 받을 수 없다. 한국에서 걸려오는 전화를 받아야 할 상황이라면 유심칩을 구입하는 것보다 데이터 무제한 로밍 요금제를 신청하는 것이 좋다. 유심칩은 창이국제공항 치어스(Cheers) 편의점, 시내에 있는 세븐일레븐 편의점, 싱텔 대리점 등에서 구매할 수 있다.

> **Tip** 창이국제공항 치어스 편의점은 제3터미널에 있으며, 제3터미널 도착시 짐벨트 60라인은 출구로 나온 후 오른쪽에, 짐벨트 41-44라인은 출구로 나온 후 왼쪽에 치어스 편의점이 있다.

유심카드 이용방법

유심칩을 이용하기 전에 준비 단계가 있다. 우선 유심카드를 구매한 후 칩을 분리한다. 그다음 자신의 핸드폰 유심을 제거한 후 구매한 칩을 끼운다. 핸드폰에서 유심칩을 제거할 때는 노출된 부분을 한 번 눌러주기만 해도 그 반동으로 칩이 튀어 나와 쉽게 분리할 수 있으니 억지로 빼려 하지 말자. 싱텔과 스타허브 유심카드를 이용하는 구체적인 방법은 다음과 같다.

싱텔(안드로이드용) 유심카드 이용방법

① *363을 입력한 후 통화 버튼을 누르면 전화가 끊기고 문자가 온다.

② 화면이 뜨면 1번(Prepaid Data Plans)으로 답장을 보낸다.

③ 통신사에서 문자가 오면 2번(Subscribe to Prepaid)으로 답장을 보낸다.

④ 요금제에 대한 문자가 오면 5번(7-Day $7 Value 1GB Plan)으로 답장을 보낸다.

⑤ 본인이 설정한 내용이 맞는지 확인 문자가 오면 1번을 누른다.

⑥ 등록완료 문자가 오면 바로 사용할 수 있다.

스타허브(아이폰용) 유심카드 이용방법

① *123#을 입력한 후 통화 버튼을 누르면 전화가 끊기고 문자가 온다.

② 화면이 뜨면 3번(Buy Voice, date)으로 답장을 보낸다.

③ 통신사에서 문자가 오면 1번(Date)으로 답장을 보낸다.

④ 통신사에서 문자가 오면 1번(Max Mobile Prepaid Date Plan)으로 답장을 보낸다.

⑤ 통신사에서 요금제에 대한 문자가 오면 3번(7-Day $7 Value)으로 답장을 보낸다.

⑥ 통신사에서 문자가 오면 1번(Confirm)을 누른다.

Tip1 싱텔(안드로이드용) 유심카드의 잔액, 데이터 플랜, 남은 용량을 모두 확인하고 싶으면 *100#을 입력한 후 통화버튼을 누른다. 데이터 확인만을 원하면 *139*6#을, 잔액 확인은 *139#을 입력한 후 통화버튼을 누르면 된다. 스타허브(아이폰용)의 유심카드 데이터 확인은 *123#를 입력한 후 통화버튼을 누른다.

Tip2 갤럭시 6나 아이폰처럼 유심핀으로 찔러 쓰는 나노 유심을 사용하는 핸드폰 유저들은 1GB에 S$15가 아닌 매일 2GB씩 5일간 쓸 수 있는 10GB짜리 유심칩을, 치어스 맞은편에 위치한 스타허브 통신사에  서 S$18에 판매하고 있으니 잘 확인해보고 구매하자. 참고로 나노 유심을 뺄 수 있는 유심핀이 없을 경우 치어스 편의점에 부탁하면 유심을 빼주기도 한다.

Tip3 유심 충전은 1일당 S$3를 추가해 데이터 500MB 추가할 수 있다. 유효기간이 끝나기 전 탑업(Top Up, 충전)하면 된다.
충전 홈페이지: www.singtel.com/hi

싱가포르에 갔다면 꼭 챙겨야 할

쇼핑 리스트와 싱가포르 속 이색문화

1. 싱가포르 쇼핑 리스트

TWG 차

TWG에는 '1837'이라는 로고가 찍혀 있다. 1837년은 싱가포르에 상공회의소가 세워진 해다. 이때부터 싱가포르가 차(茶) 무역의 중심지가 되었기 때문에 '1837'이라는 로고를 새긴 것이라고 한다. TWG는 2008년에 설립되었지만 빠르게 성장해 싱가포르 최고의 프리미엄 홍차 브랜드가 되었다. TWG는 최고의 찻잎을 엄선해 수백 번의 샘플링 과정을 거치면서 800여 종의 차를 탄생시켰고, 현재 싱가포르 여행의 쇼핑 필수품이 되었다. 더 숍스(The Shopps) 마리나 베이 샌즈점에서는 TWG 아이스크림도 맛볼 수 있다.

찰스앤키스(Charles & Keith)

싱가포르 대표 브랜드이자 한국에서도 핫한 브랜드로 떠오르는 찰스앤키스는 트렌디한 가방과 구두로 유명하다. 신상품 기준 한국 상품가의 1/2 가격으로 구매할 수 있어 싱가포르를 여행하는 여성 여행자들에게 특히 인기가 많다. 찰스앤키스 매장은 더 숍스 마리나 베이 샌즈, 아이온 오차드(Ion Orchard), 클락 키 역 센트럴(Central) 쇼핑몰, 비보시티(Vivo City), 창이국제공항 면세점에서 만날 수 있다. 이 중에서 가장 많은 종류의 물건을 구비하고, 다양한 할인 행사를 진행하는 곳은 아이온 오차드이니 참고하도록 하자.

히말라야 수분크림

히말라야 수분크림은 알로에베라, 윈터체리, 인디안 키노트리, 허브 등이 주성분이며 피부 보습과 피부 진정 효과에 탁월하다. 세안 후 기초 마지막 단계에 사용하며 민감한 피부나 악건성 피부에 좋다. 다만 알로에베라가 다량 함유되어 있으니 알로에베라 알레르기가 있다면 유념해두어야 한다. 무스타파 센터나 창이국제공항 면세점 내 왓슨스에서 구입할 수 있다.

히말라야 립밤(Lip Balm)

비타민E, 코코넛 팜 오일, 당근 추출물 등이 함유된 히말라야 립밤은 튜브 형태의 립밤으로, 보습·진정 효과뿐 아니라 입술에 풍부한 영양을 공급해주는 입술 전용 트리트먼트다. 건조한 입술에 지속적으로 발라주면 입술을 촉촉하게 유지할 수 있으며, 겨울철 갈라진 입술 보습에 특히 효과가 좋다. 히말라야 수분크림과 마찬가지로 무스타파 센터나 창이국제공항 면세점 내 왓슨스에서 구입 가능하다.

AXE 유니버설 오일

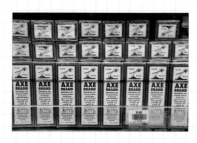

AXE 브랜드에서 나온 유니버설 오일은 유칼립투스 오일을 15% 함유하고 있으며 한국의 물파스 같이 화한 향이 난다. 몇 방울 찍어서 관자놀이에 바른 후 마사지하듯 문질러주면 두통이나 편두통 증상이 완화된다고 하니 선물용으로도 제격이다.

부엉이(OWL) 커피

50년이 넘는 역사를 자랑하는 부엉이 커피는 싱가포르 대표 커피다. 코코넛 화이트, 헤이즐넛, 코피씨밀키 등 3가지 종류가 있으며, 여행자들 사이에서 가장 핫한 아이템은 코코넛 화이트다. 코코넛 화이트는 고소하고 달달하며 코코넛 향이 독특하다. 우리나라 믹스 커피에 비해 양도 많으니 달달한 믹스 커피를 좋아하는 여행자들이라면 구입해볼 만한 상품이다.

킨더 해피 히포(Kinder Happy Hippo)

이탈리아의 식품회사인 페레로에서 만든 하마 모양의 과자다. 부드럽고 달콤한 맛으로, 고소한 헤이즐넛과 다크 초콜릿이 함유된 크림의 조화가 매력적이다. 밀크 & 헤이즐넛, 코코아크림 맛 등이 있다.

멀라이언 쿠키와 초콜릿

파리의 에펠탑, 로마의 콜로세움, 코펜하겐의 인어공주, 뉴욕의 자유의 여신상 등이 각 도시의 랜드마크라면 싱가포르에는 멀라이언이 있다. 싱가포르의 상징이 되어버린 멀라이언 모양의 앙증맞은 쿠키나 초콜릿으로 싱가포르 여행을 기념해보자.

전통 카야잼

싱가포르 유학생, 여행자들에 의해 알려지기 시작한 카야잼은 코코넛밀크와 계란, 판단잎(Pandan Leaf; 허브의 한 종)을 주원료로 한 싱가포르의 전통 잼이다. 고소하고 달콤한 맛이 특징이며 한 번 맛보면 절대 잊을 수 없는 맛이라 해서 '악마의 잼'이라는 별칭을 가지고 있다. 싱가포르에 갔다면 꼭 챙겨야 할 쇼핑 품목 중 하나다.

칠리크랩 소스

칠리크랩은 싱가포르의 대표적인 해물요리로 싱가포르 여행자들이면 누구나 한 번은 맛보는 대표 음식이다. 싱가포르 여행시 먹었던 칠리크랩의 맛을 추억하고 싶다면 칠리크랩 소스를 구입해 매콤하면서도 달콤한 칠리크랩의 향연에 빠져보자.

2. 싱가포르 속 이색문화

이슬람 터번 캡

이슬람교를 믿는 무슬림 국가에서 볼 수 있는 남자들의 모자다. 싱가포르에서는 부기스의 술탄 모스크 관광시 터번 캡을 착용한 사람들을 쉽게 볼 수 있다. 머리카락을 천이나 모자 등으로 가리는 것은 창조주에 대한 존경의 표시라고 한다.

이슬람 히잡

히잡은 무슬림 여성들이 머리와 목 등을 가리기 위해서 쓰는 가리개의 일종으로 얼굴은 가리지 않는다. 역사가 깊은 이슬람의 전통의상 중 하나로 지역, 종교적 성향, 나이, 계층 등에 따라 그 모양이나 색이 다양하다. 히잡은 원래 중동지역의 모래바람이나 잦은 전쟁으로부터 여성을 보호하기 위해 처음 사용했다고 한다. 그러다 이슬람 창시자 무함마드에 의해 여성들의 금욕과 정조를 강조하기 위한 복장으로 그 의미가 변화해 오늘날에 이른 것이다.

이슬람 문화의 아이콘, 물담배

부기스 술탄 모스크 지역을 거닐다 보면 카페에서 흔하게 볼 수 있는 것이 물담배다. 호스 파이프에 입을 대고 공기를 천천히 빨아들이면 담배 향료가 타면서 연기가 발생한다. 발생한 연기는 파이프를 타고 내려와 유리병에 담긴 물을 통과한 후 입안에 감돌며 담배향을 남긴다. 담배 연기를 유리병 물에 통과시킨 후 흡입하는 방식이므로 물을 직접 흡입하는 것은 아니다.

인도 터번

인도 시크교도들이 쓰는 것이 터번이다. 시크교도들은 머리를 깎지 않는 풍습이 있기 때문에 터번으로 긴 머리를 고정시킨다. 리틀 인디아 지역을 방문하면 남성들이 터번을 착용한 모습을 자주 볼 수 있다.

인도 빈디

눈과 눈 사이의 그린 빨간 점을 빈디라고 부르며, 이는 '물방울' '점'이라는 뜻으로 복을 가져다주는 상징이기도 하다. 양 눈썹 사이에 그려져 '제3의 눈'이라고도 불리며 숨겨진 지혜를 나타낸다고 한다. 통상적으로는 결혼한 여성을 나타내기 위한 것이었지만 오늘날에는 하나의 패션이 되어 결혼하지 않은 여자도 빈디를 그린다. 색깔도 빨간 색이 아닌 여러 가지 색으로 되어 있다. 싱가포르 관광을 하다 보면 길거리에서 쉽게 접할 수 있는 모습이며, 특히 리틀 인디아에서 자주 볼 수 있다.

인도 전통의상 사리(Sari)

인도인들은 바느질된 옷은 천의 손상을 가져온 것이기에 부정한 옷, 바느질을 전혀 하지 않은 옷은 깨끗한 옷이라고 이야기한다. 그래서 아름다움을 강조하는 여인들은 바느질된 부정한 옷을 입지 않고 일종의 천조각인 사리를 입는다. 여인들이 몸에 두른 사리는 너비 1m에 길이가 5~6m라고 한다. 싱가포르는 더운 나라이지만 이런 인식 때문에 긴 천을 둘둘 말고 다니는 것이다. 인도 대표 문화격인 사리는 싱가포르 여행을 하면서 가장 흔하게 볼 수 있는 복장이다.

PART 2

동양의 작은 유럽,
싱가포르 3박 4일간의 여행기

첫째 날,

싱가포르 관광의 최고잇 플레이스,

마리나 베이

멀라이언 파크

▼

스카이 파크 전망대

▼

가든스 바이 더 베이

SINGAPORE

낯선 여행지에 가면 가장 먼저 구경하고 싶은 곳은 어디일까? 아마 그 나라를 대표하는 가장 상징적인 곳, 이정표 같은 곳일 것이다. 여행의 첫날 나침반 같은 장소들을 눈과 마음에 담고 나면, 낯선 여행지에서의 두려움은 사라지고 왠지 모를 친숙한 설렘을 느낄 수 있기 때문이다. 그러니 싱가포르에서의 첫날은 마리나 베이에서 시작해보자. 마리나 베이는 싱가포르의 상징적인 장소들이 모여 있는 곳이다. 오늘 하루 싱가포르의 잇 플레이스를 찾아 '진짜' 싱가포르를 거닐어보자. 첫날의 피로는 어느새 벅찬 감동으로 바뀔 것이다.

MRT 에스플러네이드 역

 전쟁 기념 공원

에스플러네이드

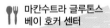 마칸수트라 글루톤스
베이 호커 센터

멀라이언 파크

아트사이언스
뮤지엄

 플러턴 호텔

 MRT 래플스 플레이스 역

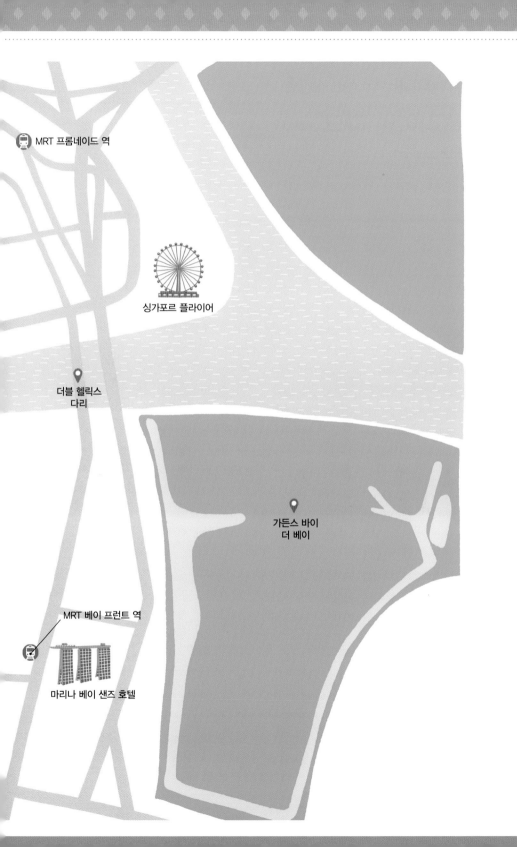

MRT 프롬네이드 역

싱가포르 플라이어

더블 헬릭스
다리

가든스 바이
더 베이

MRT 베이 프런트 역

마리나 베이 샌즈 호텔

싱가포르를 대표하는 상징물,

멀라이언 파크
Merlion Park

기괴한 형태로 여행자들의 발걸음을 멈추는 멀라이언(Merlion)은 싱가포르의 상징
물로, 상반신은 사자, 하반신은 물고기의 모습을 한 상상 속의 동물이다. 멀라이언은
인어(Mermaid)와 사자(Lion)를 합성한 단어이며, 상반신의 사자는 '사자의 도시'라
는 뜻을 가진 싱가포르의 원래 국호 싱가푸라[Singapura; 산스크리트어로 심하(Simha)
는 '사자'를, 푸라(Pura)는 '도시'를 뜻한다]에서, 하반신의 물고기 꼬리는 고대 어촌이라
는 의미를 가진 테마섹(Temasek; 자바어로 '바다'를 뜻한다)에서 유래했다.

　원래 멀라이언 상은 싱가포르여유국(STB; Singapore Tourism Board)의 로고로 디
자인된 것인데, 1966년 7월 20일부터 싱가포르여유국의 트레이드마크가 되었다.
싱가포르를 상징하는 각종 기념품에서도 자주 볼 수 있다. 멀라이언 파크의 멀라이

언 상은 1972년 9월 15일 싱가포르 강의 시작점인 에스플러네이드(싱가포르의 오페라하우스)에 처음 세워졌다가, 2002년 현재의 위치로 이전되었으며 길이 8.6m, 무게 70t을 자랑한다. 이 멀라이언 상은 싱가포르 최고의 사진 촬영 스폿으로, 그 주변은 사진 촬영을 위한 여행객들로 항상 붐빈다. 거대한 오리지널 멀라이언 상 뒤편에 2m짜리의 작은 멀라이언 상이 하나 더 있으니 함께 감상해보자.

멀라이언 상이 놓인 멀라이언 파크는 그 외에도 공원 주변으로 주요 볼거리들이 밀집해 있어 싱가포르 여행의 필수 코스다. 싱가포르 강과 바다가 만나는 곳에 위치한 멀라이언 파크는 공원 뒤로 플러턴 호텔(옛 우체국 건물을 개조해 만든 최고시설의 호텔)이 있고, 왼편에는 에스플러네이드, 맞은편에는 마리나 베이 샌즈, 왼편 대각선 방향으로는 싱가포르 플라이어(대관람차)가 있다. 해변 산책로도 잘 정비되어 있으니 천천히 거닐어보는 것도 좋다.

특히 마리나 베이의 전망 포인트로 유명한 마리나 베이 샌즈 호텔의 환상적인 레이저 쇼는 멀라이언 파크에서도 감상할 수 있다. 싱가포르 최고의 야경으로 손꼽히니 놓치지 말고 감상하자. 첫날 첫 일정으로 가장 싱가포르다운 멀라이언 파크에서 최고의 싱가포르를 즐겨보자.

Tip. 싱가포르여국에서 인정한 멀라이언 상 BEST 5!
① 멀라이언 파크에 위치한 오리지널 멀라이언.
② 오리지널 뒤에 숨은 2m짜리 멀라이언.
③ 센토사 섬에 있는 37m짜리 거대 복제품 멀라이언.
④ 투어리즘 코트(Tourism Court)의 3m짜리 폴리마블 상.
⑤ 마운트 페이버(Mount Faber) 공원에 있는 3m짜리 폴리마블 상.

뉴욕에 자유의 여신상이 있다면 싱가포르에는 멀라이언이 있다. 머리는 사자 형상에, 몸은 물고기 꼬리를 한 기괴한 형태이지만 묘한 매력을 담고 있는 석상이다. 잠시도 쉬지 않고 관광버스가 정차하는 걸 보니 멀라이언 파크는 싱가포르 방문의 1번지인 듯하다. 주변에서는 카메라 셔터 소리가 요란하다. 연신 물을 뿜어대는 매력덩어리 멀라이언, 한국 기술의 우수성이 만들어낸 마리나 베이 샌즈 호텔, 싱가포르의 오페라하우스 에스플러네이드, 세계 최대 크기의 대관람차 등 싱가포르 최고의 스폿을 자랑하는 멀라이언 파크. 멀라이언이 토해내는 물을 마시는 것처럼 우스꽝스러운 사진을 찍으려 입을 벌리고 선 여행자의 모습을 보니 미소가 절로 나온다. 최고의 관광 코스를 방문한 듯 여행자들은 굉장히 유쾌해보인다.

야간에 다시 찾은 멀라이언은 은은한 조명을 받아 낮과는 다른 신비롭고, 몽환적인 분위기를 풍긴다. 마리나 베이 샌즈 호텔에서 쏘아대는 레이저 쇼를 구경하는 일은 멀라이언 파크에 갔다면 놓칠 수 없는 구경거리다. 낮과 밤 모두 색다른 매력을 풍기니 적어도 2번은 방문해야 멀라이언 파크의 진정한 매력을 안다고 할 수 있다. 지하철로 발길을 옮기며 '한국의 한강변에 우리의 백두산 호랑이를 상징화하면 어떨까?'라는 엉뚱한 발상도 해본다.

멀라이언 파크

어떻게 가야 할까?

(1) MRT 래플스 플레이스(Raffles Place) 역에서 하차한다.

(2) 오른쪽 B 방향 출구로 이동한다.

(3) 에스컬레이터를 타고 올라간 후 개찰구로 나간다.

(4) 출구로 나온 후 왼쪽으로 이동하면 스탠다드차타드(Standard Chartered) 은행이 있다. 이 건물을 옆에 두고 직진한다.

(5) 끝 지점까지 직진하면 오른쪽 45도 방향으로 마리나 베이 샌즈 호텔이 보인다.

⑥ 왼쪽으로 플러턴 호텔이 있다.

⑦ 플러턴 호텔을 따라 횡단보도가 나올 때까지 직진한 뒤 횡단보도를 건넌다.

⑧ 직진하다 계단이 나오면 계단 아래로 내려간다.

⑨ 계단을 내려오면 왼편에 멀라이언 파크 기념품 가게가 있다.

⑩ 오른쪽으로 직진하면 멀라이언 파크다.

멀라이언 파크
어떻게 즐겨볼까?

멀라이언 파크에 위치한 8.6m의 오리지널 멀라이언
이다. 관광객들이 많아 사진 찍기가 불편할 수도 있
지만, 멀라이언을 배경으로 추억을 남겨보자. 싱가포
르 엽서에서나 볼 수 있을 법한 멋진 사진을 얻을 수
있을 것이다.

오리지널 뒤에 숨어 있는 2m짜리 멀라이언 상이다.
싱가포르여유국에서 인정한 '멀라이언 상 BEST 5'에
속할 만큼 나름의 멋을 지니고 있다.

멀라이언 파크 기념품 가게에서는 멀라이언 장신구, 싱가포르 전통 옷, 액세서리, 모자, 열쇠고리 등 다양한 상품을 판매하고 있다.

아이스크림 가게에 들러 망고빙수나 음료로 무더운 더위를 식혀보자. 다리 밑에 위치하기 때문에 시원한 강바람을 맞으며 휴식을 취하기에 안성맞춤이다.

영업시간: 9:00~21:00 **가격:** 망고빙수 S$10~

멀라이언 파크 왼쪽에는 싱가포르의 오페라하우스이자 복합 문화공간인 에스플러네이드가 있다. 야외에서 펼쳐지는 멋진 무료 공연을 즐길 수도 있다.

마리나 베이 샌즈 호텔 레이저 쇼는 싱가포르 여행의 최고 볼거리 중 하나다. 이 레이저 쇼는 멀라이언 파크에서 감상해야 제대로 즐길 수 있으니 뷰(View) 포인트를 놓치지 말자.

공연시간: 일~목(2회) 20:00, 21:30, 금~토(3회) 20:00, 21:30, 23:15

> **Tip** MRT 래플스 플레이스 역에서 멀라이언 파크로 이동하다 보면 플러턴 호텔이 나온다. 플러턴 호텔을 배경으로 사진 한 컷 남기는 것 역시 관광의 덤이다.

싱가포르 최고의 랜드마크,
마리나 베이 샌즈 호텔과 스카이 파크

Marina Bay Sands Hotel & Sky Park

21세기판 '피사의 사탑' 마리나 베이 샌즈 호텔은 싱가포르의 새로운 상징이자 아시아의 대표적인 카지노 복합 리조트다. 세계적인 건축가 모쉐 사프디(Moshe Safdie)가 설계하고 한국의 쌍용건설이 공사를 맡아 2010년에 완공했으며, 57만㎡ (약 17만 평)의 부지에 총 공사비 7억 달러(약 9천억 원)를 투자해 57층 3개동 호텔에 2,561개 객실을 갖춘 매머드급 호텔이다. 카지노를 목적으로 지은 호텔답게 3개동 호텔을 구성하는 6개의 기둥은 각각 2장의 카드를 입(人) 자형 구조로 비스듬하게 기대어놓은 모양이다. 동측 건물은 최고 52도까지 기울어져 있으며, 23층(지상 70m)에서 서측 건물과 연결된다.

이 호텔의 하이라이트는 200m 최고층 위에 조성된 거대한 선박, 스카이 파크다.

스카이 파크는 길이 343m, 폭 38m에 무게만도 6만t이다. 이는 몸무게 60kg 인 사람 100만 명에 해당하는 무게이 며, 그 규모는 축구장 2개를 합쳐놓은 것만큼 크다. 스카이 파크에는 전망대, 수영장, 스파, 레스토랑, 정원 등의 시 설이 갖추어져 있다. 특히 '세계의 지 붕'이라고 불리는 150m 길이의 인피 니티 풀은 하늘과 가장 가까운 수영장 이며, 많은 여행자들이 이 옥상 수영장 을 이용하기 위해 호텔에 투숙할 정도 로 큰 인기를 끌고 있다. 한국 쌍용건 설의 기술력이 진가를 발휘한 스카이 파크 전망대 또한 싱가포르의 다채로

운 도시 경관을 감상할 수 있는 최적의 장소로 여행자들의 발길이 끊이지 않는 곳이 다. 360도를 돌며 싱가포르의 최고 전망을 감상해보자.

이용 안내

마리나 베이 샌즈 호텔 ◆요금: 디럭스 S$499~, 프리미엄 S$579 (마리나 베이 샌즈 호텔 투숙객만 인피니티 수영장에 입장 할 수 있음) ◆전화번호: 65-6688-8826 ◆홈페이지: www.marinabaysands.com 스카이 파크 전망대 ◆운영시간: 월~목 09:30~22:00, 금~일 09:30~23:00 ◆휴무일: 연중무휴(주말일 경우 비공개 행사나 상업적 용도, 우천으로 폐장되는 경우도 있다. 우천으로 인한 폐장일 경우에는 환불이 가능하다.) ◆요금: 성인 S$23(65세 이상은 S$20), 아동 S$17(2세 미만은 무 료) ◆주소: 10 Bayfront Ave. Singapore 018956

(Tip) 원더풀 쇼(Wonder Full Show)
더 숍스 앳 마리나 베이 샌즈(The Shoppes at Marina Bay Sands) 야외 공연장에서 매일 밤 펼쳐지는 환 상의 쇼다. 레이저, 물, 빛, 그래픽과 함께 오케스 트라 사운드 연주에 맞추어 펼쳐진다. 싱가포르

야경을 볼 수 있는 최적의 장소이므로 꼭 찾아보자. 멀라이언 파크에서 보면 마리나 베이 샌즈 호텔의 레 이저 쇼를 보는 것이고, 더 숍의 야외 공연장에서 보면 원더풀 쇼를 보는 것이 된다.
공연시간: 20:00, 21:30 위치: MRT 베이 프런트 역에서 하차한 뒤 D 출구 쪽으로 직진한다. 더 숍스 앳 마리나 베 이 샌즈를 통과하면 야외 공연장이 나온다.

인피니티 풀

더 숍스 앳 마리나 베이 샌즈

기울어진 호텔 기둥이 맞물려 높게 세워진 마리나 베이 샌즈 호텔. 그 위에 올려진 스카이 파크의 모습을 보고 있자니 놀라움에 입을 다물 수가 없다. 주위를 둘러보니 관광객들의 눈길 역시 일제히 위쪽을 향하고 있다. 겨우 시선을 돌려 더 숍스 앳 마리나 베이 샌즈로 발길을 옮긴다. 마카오에 그랜드 커낼 숍스(Grand Canal Shoppes)가 있다면 싱가포르에는 더 숍스 앳 마리나 베이 샌즈가 있다는 말이 무색하지 않을 만큼 더 숍스는 화려함 그 자체. 대형 복합단지 내에 수로를 조성해두었는데, 뱃사공의 노랫가락만 곁들인다면 운하의 도시 베네치아에 있는 듯한 착각이 들 정도다. 금빛 조명으로 내부 인테리어를 한 덕분인지 화려함과 고급스러움이 한껏 느껴진다. 엘리베이터를 타고 56층 스카이 파크로 이동한다. 입구에 들어서니 마치 하늘을 나는 배 위에 올라 탄 듯하다. 발아래 펼쳐진 싱가포르의 멋진 풍광이 감탄을 자아낸다. 오른편에는 가든스 바이 더 베이가, 정중앙에는 대관람차가, 왼편에는 멀라이언 파크를 필두로 싱가포르 고층 빌딩이 그 위상을 뽐내고 있다.

56층과 연결된 57층의 쿠데타(Kudeta) 칵테일 바에는 발 디딜 틈이 없다. 하늘 아래 가장 높은 곳에서 칵테일 한잔을 마시며 싱가포르의 낭만을 즐기기에 여념이 없다. 고개를 내밀어 아래를 내려다보니 아찔하다. 전망대 한편에 걸터앉아 시원하게 불어오는 자연 바람을 쐬며 더위를 날려본다. 그 바람을 따라 스카이 파크가 덩실덩실 춤을 추는 듯하다.

스카이 파크 전망대
어떻게 가야 할까?

▶ 더 숍스 앳 마리나 베이 샌즈를 둘러본 후 전망대로 이동하기

① MRT 베이 프런트(Bay Front) 역에서 하차한다.

② 개찰구를 통과한 후 마리나 베이 샌즈 D 출구로 이동한다.

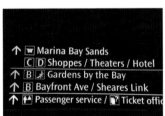

③ 직진하면 더 숍스 앳 마리나 베이 샌즈다.

④ 더 숍스를 구경한 후 스카이 파크 이정표를 따라 제일 끝 지점까지 이동한다. 문을 열고 왼쪽으로 방향을 잡는다.

⑤ 그대로 직진하면 스카이 파크 전망대 입구다.

① MRT 베이 프런트 역에서 하차한다.

② 개찰구를 통과한 후 스카이 파크 이정표를 따라 C 출구 쪽으로 이동한다.

③ C 출구 쪽으로 직진해 더 숍스를 지난다.

④ 호텔과 스카이 파크 이정표를 따라 이동한 뒤 에스컬레이터를 타고 올라간다.

⑤ 왼쪽으로 이동하면 스카이 파크 전망대 입구다.

▶ 멀라이언 파크에서 도보로 이동하기

① 멀라이언 파크 왼쪽에 위치한 에스플러네이드 쪽으로 이동한다.

② 에스플러네이드를 보고 오른쪽 강변을 따라 직진한다.

③ 직진하면 더블 헬릭스 다리(Double Helix Bridge)가 나온다.

④ 더블 헬릭스 다리를 건너면 더 숍스 앳 마리나 베이 샌즈다.

Tip. 더블 헬릭스 다리는 주말에 카레이스 경기가 있을 경우 통제되기도 하므로 참고하자.

스카이 파크 전망대
어떻게 즐겨볼까?

더 숍스 앳 마리나 베이 샌즈에는 명품 매장, 기념품 가게, 푸드코트, 아이스링크 등 다양한 시설이 마련되어 있으며, 고급스러운 분위기로 관광객들의 눈길을 사로잡는다. 쇼핑몰 내부에 조성된 인공 수로에서는 곤돌라 체험도 할 수 있다. 요금은 S$10다.

MRT 베이 프런트 역에서 더 숍스로 들어온 후 직진하면 야외 공연장이 나온다. 야외 공연장에서 바라본 싱가포르의 야경, 멀라이언 파크, 플러턴 호텔의 모습이 환상적이다. 비정기적이지만 주말에는 관현악단의 연주도 펼쳐진다.

더 숍스와 연결된 인도교를 지나면 마리나 베이 샌즈 호텔에서 가든스 바이 더 베이까지 연결되어 있다. 저녁시간에 인도교로 산책을 하면 싱가포르의 야경을 즐길 수 있다

Tip. 전망대 간이매점에서는 핫도그, 아이스크림, 음료 등 간단한 간식거리를 살 수 있다.

아트사이언스 뮤지엄(Artscience Museum)

더 숍스 앳 마리나 베이 샌즈 바로 옆에 위치한 독특한 구조의 연꽃 모양 건물이다. 이곳에서는 유명한 예술가들의 전시가 꾸준히 이루어지고 있으며 다양한 예술 작품의 감상만으로도 신비한 경험이 된다.

스카이 파크 전망대에서는 래플스 플레이스, 멀라이언 파크, 시청(City Hall), 에스플러네이드, 플러턴 호텔 뒤쪽으로 보트 키와 클락 키, 대관람차, 가든스 바이 더 베이까지 내려다볼 수 있다.

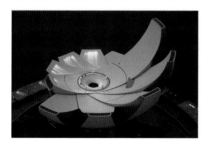

요금: S$30~ (전시회에 따라 상이)

Tip **57층의 쿠데타**

스카이 파크 전망대 구경을 위해 입장권을 구입하는 대신 쿠데타 칵테일 바에서 칵테일이나 맥주를 마시며, 보다 운치 있게 싱가포르의 전망을 감상하는 방법도 있다. 쿠데타 바 이용시 복장 규정이 있음을 참고하자(반바지, 운동화 차림으로는 입장이 불가능하다).

지상 최대의 인공 정원,

가든스 바이 더 베이

Gardens by the Bay

싱가포르는 지난 20년간 '정원 속 도시'를 만든다는 기치 아래 도심 곳곳에 크고 작은 공원을 조성해왔다. 그 핵심 프로젝트 중 하나인 가든스 바이 더 베이는 도심 지에서 도보 10분 거리에 조성되었으며, 싱가포르 남쪽 마리나 베이 간척지 위에 101만m²(약 30만 평)의 규모로 2012년에 개장했다. 베이 사우스(Bay South), 베이 센 트럴(Bay Central), 베이 이스트(Bay East)라는 3곳의 정원으로 구성된 이 초대형 공 원은 25만 가지가 넘는 희귀식물의 서식지로 일종의 식물 테마파크다.

가든스 바이 더 베이는 크게 실내 온실과 야외 정원으로 구분한다. 유리돔으로 된 실내 온실은 유리 패널 3,332개로 지어졌으며, 7층 높이로 야외 정원 못지않게 다채 로운 식물군을 만나볼 수 있다. 실내 온실에는 18개의 슈퍼트리와 지중해·아열대

기후의 꽃과 식물, 오색 빛깔 화원이 펼쳐지는 '플라워 돔(Flower Dome)', 35m 높이의 인공 산과 시원한 폭포, 양치식물, 2천m 높이에 서식하는 고산식물, 열대림의 희귀식물을 볼 수 있는 '클라우드 포레스트(Cloud Forest)'가 있다. 야외 정원은 싱가포르 문화를 구성한 국가들을 테마로 삼아 특색 있는 조경을 선보이는 '헤리티지 가든(Heritage Garden)', 생태계의 신비를 만날 수 있는 '월드 오브 플랜츠(World of Plants)'가 있다. 또한 콘크리트와 철근으로 뼈대를 만들고 그 위에 패널을 얹어 만든 인공 나무 슈퍼트리가 모여 있는 '슈퍼트리 그로브(Supertree Grove)' 등이 조성되어 있으니 천천히 둘러보며 자연의 경이로움과 인공 조성물의 조화를 마음껏 느껴보자.

가든스 바이 더 베이는 단순한 관광지가 아니다. 멸종 위기에 처한 식물을 보호하는 역할도 하고 있으며, 기후 변화에 따른 지구 환경 변화를 영상물을 통해 보여주며 사람들에게 환경 보호의 중요성 및 경각심을 일깨워주기도 한다. 도심 속에 만들어진 공원이 관광과 휴식, 더 나아가 지구 환경까지 생각하게 한다. 싱가포르의 랜드마크인 마리나 베이 샌즈 호텔에서 바라보면 나무를 닮은 거대한 기둥의 슈퍼트리가 보인다. 〈아바타〉와 같은 SF 영화에나 나올 법한 슈퍼트리의 모습이 장관이다. 신 개념 도시 공간, 가든스 바이 더 베이에서 자연이 주는 에너지에 취해보자.

이용 안내

◆ **운영시간**: 야외 정원 05:00∼02:00, 실내 정원 및 OCBC 스카이웨이 09:00∼21:00, 슈퍼트리 쇼(Garden Rhapsody) 19:45, 20:45 ◆ **요금**: 야외 정원 무료, 실내 정원 성인 S\$28, 아동 S\$15, OCBC 스카이웨이 성인 S\$5, 아동 S\$3 ◆ **주소**: 18 Marina Gardens Drive, Singapore 018953 ◆ **전화번호**: 65-6420-6848 ◆ **홈페이지**: www. gardensbythebay.com.sg

인도교에서 바라보는 가든스 바이 더 베이의 모습은 마치 공상 영화의 한 장면 같다. 어디에선가 외계인이 나올 듯하고, 꼭대기에는 우주선이라도 내려앉을 듯 웅장한 모습이다. 사람의 실핏줄처럼 표현된 인공 나무 숲이 특이한 분위기를 연출한다. 여행객들은 쉬이 발길을 옮기지 못한다. 앞으로 보면 가든스 바이 더 베이가, 뒤로 보면 마리나 베이 샌즈 호텔이, 옆으로 보면 대관람차가 멋진 풍광을 자아내니 카메라로 손이 가는 건 당연하다.

조망 후 발길을 옮기면 가든스 바이 더 베이에 물을 공급하는 드래곤 플라이와 킹피셔 레이크가 가장 먼저 여행객을 반긴다. 시원한 물줄기를 뿜어내는 분수가 상쾌함을 전해준다. 다리를 건너니 싱가포르가 다민족 국가임을 알려주기라도 하듯 각 나라별 특색을 갖춘 헤리티지 가든이 나온다. 다민족의 모습을 한눈에 즐길 수 있어 흥미롭다. 곧이어 나타난 실내 정원 클라우드 포레스트에 들어서자 시원하게 내려치는 폭포가 무더위를 말끔히 씻어준다. 뿜어져 나오는 스팀 물줄기가 몽환적인 분위기를 연출하며 구름 속을 여행하는 기분이다. 여행자들은 폭포 주위에 마련된 고지대의 습생식물을 진지하게 감상한다. 플라워 돔에는 독특한 열대 나무와 꽃들이 만개해 있다. 아름다운 열대 꽃에 취해서인지 여행자들의 발걸음은 한없이 느리다. 형형색색의 꽃과 함께 웨딩 촬영을 하는 신부의 얼굴에서는 웃음이 멈추질 않는다.

가든스 바이 더 베이의 하이라이트는 단연 슈퍼트리다. 슈퍼트리 그로브에 선 여행자들은 약속이라도 한 것처럼 고개를 한껏 젖힌 채 슈퍼트리를 올려다보느라 여념이 없다. 마치 4차원 세계에 방문한 듯한 느낌을 줄 정도로 슈퍼트리 그로브는 신비로운 분위기를 자아낸다. 가든스 바이 더 베이의 백미인 슈퍼트리 쇼를 즐기고 나니 자리를 털고 일어나기가 더더욱 힘들다. 짧지만 강렬한 슈퍼트리 쇼는 여행자들의 박수갈채를 이끌어냈고, 그렇게 가든스 바이 더 베이는 모든 여행자들에게 감동과 휴식을 주었다.

가든스 바이 더 베이
어떻게 가야 할까?

① MRT 베이 프런트 역에 하차한다.

② 개찰구를 통과한 후 오른쪽 B 방향 출구로 이동한다.

③ 가든스 바이 더 베이 이정표를 따라 직진한다.

④ 지상 출구로 나온 뒤 오른쪽 셔틀버스 방향으로 직진한다.

⑤ 셔틀버스 이용자는 셔틀버스 티켓을 구매한다(왕복 S$2).

⑥ 셔틀버스를 탑승한 후 이동한다.

⑦ 셔틀버스를 이용하면 플라워 돔에서 내려준다.

⑧ 입구 왼편에 가든스 바이 더 베이 매표소가 있다.

Tip1 더 숍스 앳 마리나 베이 샌즈에서 도보로 가든스 바이 더 베이 가는 방법
① 더 숍스 앳 마리나 베이 샌즈 건물 2층 샤넬 매장 옆에 위치한 에스컬레이터를 탄다.
② 길을 따라 이동하면 인도교와 마리나 베이 샌즈 호텔이 나온다.
③ 인도교 끝 지점에서 가든스 바이 더 베이를 볼 수 있다.

Tip2 도보로 이동하는 여행자는 셔틀버스 매표소 뒤편에 위치한 전망대에 들러 가든스 바이 더 베이의 전체적인 모습을 조망하는 것도 좋다.

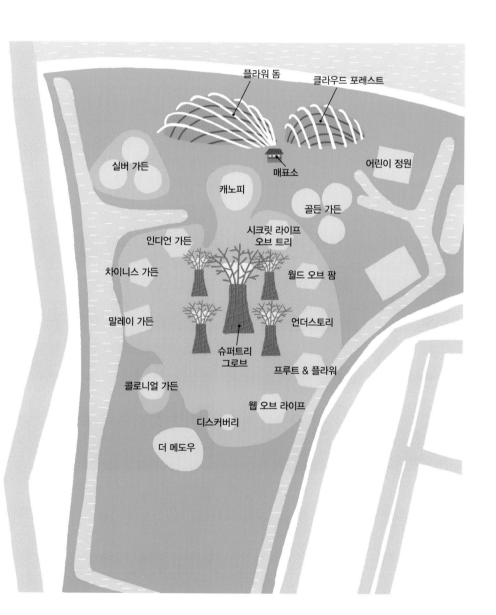

플라워 돔

클라우드 포레스트

실버 가든

매표소

어린이 정원

캐노피

골든 가든

시크릿 라이프
오브 트리

인디언 가든

차이니스 가든

월드 오브 팜

말레이 가든

언더스토리

슈퍼트리
그로브

프루트 & 플라워

콜로니얼 가든

웹 오브 라이프

디스커버리

더 메도우

가든스 바이 더 베이
어떻게 즐겨볼까?

드래곤 플라이 레이크(Dragonfly Lake)

가든스 바이 더 베이로 들어가기 전에 볼 수 있는 호수로 가든스 바이 더 베이에 조성된 수많은 식물에 필요한 물을 공급한다. 호수 주변에는 자전거 도로와 산책로가 마련되어 있다.

헤리티지 가든(Heritage Garden)

헤리티지 가든은 싱가포르의 역사와 다양한 문화를 이해하고 화합을 도모하기 위해 말레이시아, 중국, 인도를 대표하는 식물과 상징물로 꾸며진 테마 정원이다. 말레이 가든에서는 별모양 과일인 '스타 프루트'와 말레이시아 전통 가옥인 '캄퐁 글램'을, 차이니스 가든에서는 중국의 시(詩)에 등장하는 꽃과 나무, 돌로 조각한 기마상을, 인디언 가든에서는 코끼리 상과 바나나 나무, 향신료 나무 등을 볼 수 있다. 각 나라의 특색이 그대로 담겨 있으니 싱가포르에 뿌리내린 다문화의 묘미를 즐겨보자.

말레이 가든

차이니스 가든

인디언 가든

클라우드 포레스트(Cloud Forest)

멸종 위기의 식물들에 대한 경각심을 일깨워주는 교육적인 전시 시설인 클라우드 포레스트에는 열대 산악지역[말레이시아 사바 주의 키나발루 산(Mt,Kinabalu)]의 습한 기후와 남미 고산지대의 시원한 기후를 재현한 높이 35m의 인공 산과 장대한 폭포가 있다. 어스 체크(Earth Check)에서는 기후 변화가 지구 환경 변화에 미치는 영향에 대해 가르쳐주는 교육용 영화도 볼 수 있다. 클라우드 포레스트는 크게 시크릿(Secret) 가든, 클라우드 워크(Cloud walk), 크리스탈 마운틴(Crystal Mountain), 로스트 월드(Lost World)로 구성되어 있으며, 각각의 높이에 맞게 고산지대 식물, 저지대식물인 양치식물, 습생 식물, 난 등의 다양한 식물들이 분포한다. 엘리베이터를 타고 정상까지 올라간 후 스카이 워크를 따라 한 층씩 내려가며, 고도별로 다르게 분포된 열대 산악 식물들을 구경해보자.

 저녁 늦은 시간까지 가든스 바이 더 베이를 관광하기 위해서는 생수나 간단한 간식거리를 준비하는 것이 좋다.

Tip2 오디오 투어

30만 평의 광대한 정원, 가든스 바이 더 베이를 도보로 이동하는 데는 강인한 체력이 요구된다. 오디오 투어는 어린이를 동반한 가족이나 이동이 불편한 여행자들을 위해 꼬마기차 셔틀을 타고 야외 정원 곳곳을 둘러보는 프로그램이다. 표는 비지터 서비스 센터에서 구입할 수 있다(성인 S$5, 아동 S$3).

플라워 돔(Flower Dome)

플라워 돔은 1만 5,840㎡(4,800평) 규모의 초대형 식물원으로 높이 38m에서 쏟아지는 자연 채광을 즐길 수 있다. 아프리카의 바오밥 나무와 수령이 천 년 이상된 올리브 나무를 비롯해 선인장과 같은 다육식물, 호주·남아프리카·남아메리카·캘리포니아·지중해 등의 정원을 조성해두었다. 독특한 나무와 화초들을 한곳에서 볼 수 있는 좋은 기회다. 열대지방의 열기에서 잠시 벗어나 시원하고 건조한 기후를 느껴보자.

월드 오브 플랜츠(World of Plants)

월드 오브 플랜츠에서는 씨앗의 이동, 싹을 틔우는 과정, 식물이 환경에 적응하는 과정 등 생태계의 신비를 보고 배울 수 있으며, 해당 식물에 대한 정보도 얻을 수 있다.

슈퍼트리 글로브(Supertree Grove)

가든스 바이 더 베이의 상징인 슈퍼트리 그로브는 25~50m(15~16층 건물 높이)의 거대한 인공 나무 숲으로, 콘크리트와 철근으로 만든 뼈대에 패널을 붙여 식물을 심었으며, 나뭇가지는 사람의 신경조직이나 혈관을 연상하게 한다. 마다가스카르 섬의 바오밥 나무와 닮은 슈퍼트리는 총 18그루며, 여기에 200여 종, 16만여 가지의 식물이 자라고 있다. 이 나무들은 비가 오면 빗물을 저장해 환기 장치 역할도 하며, 해가 지면 은은한 조명을 밝혀 환상적인 분위기를 자아낸다. 이때 사용하는 전력은 지속가능한 태양전지로 환경 파괴 없이 모은 태양에너지다. 슈퍼트리 그로브에는 식사를 즐길 수 있는 슈퍼트리 다이닝(Dining)도 있다.

Tip 플라워 돔 티켓 박스 맞은편에는 프렌치 케이크(S$8.5), 커피(S$5), 간단한 식사 및 샌드위치를 즐길 수 있는 디저트 카페 베이커진이 있다.

OCBC 스카이웨이(보행자로)

슈퍼트리 사이를 잇는 높이 22m에 길이 128m인 보행자로를 따라 산책을 하거나 정원 전체를 조망할 수 있다. 가장 높은 슈퍼트리 위에 올라가 공원 전체를 내려다볼 수도 있다.

슈퍼트리 쇼(Garden Rhapsody)

가든스 바이 더 베이의 명실상부한 하이라이트이며 백미와도 같은 '나이트 쇼'를 감상해보자. 음악과 선율이 어우러진 나이트 쇼는 환상적인 경험을 안겨줄 것이다. 가든스 바이 더 베이에 왔다면 꼭 즐기도록 하자.

운영시간: 09:00~21:00 **요금:** 성인 S$5, 아동 S$3

운영시간: 19:45, 20:45(1일 2회) **요금:** 무료

Tip 싱가포르에서의 첫날은 도보 이동만으로도 일정 소화가 가능하다. 첫째 날 일정을 정리하면 다음과 같다.

① 멀라이언 파크를 구경한다.
② 멀라이언 파크 왼쪽에 위치한 에스플러네이드 쪽으로 이동한다.
③ 산책로를 따라 더블 헬릭스 다리를 건넌 후 더 숍스 앳 마리나 베이 샌즈를 구경한다.
④ 스카이 파크 전망대에 올라 싱가포르의 전체적인 모습을 조망한다.
⑤ 도보로 이동해 가든스 바이 더 베이의 슈퍼트리 쇼까지 구경한다.
⑥ 에스플러네이드 옆에 위치한 마칸수트라 글루톤스 베이 호커 센터에서 칠리크랩으로 저녁 식사를 한다.
⑦ 더 숍스 야외 공연장으로 이동해 21시 30분 원더풀 쇼를 구경하거나 멀라이언 파크로 이동해 21시 30분 마리나 베이 샌즈 호텔의 레이저 쇼를 구경한다.

도보 이동경로: 멀라이언 파크→에스플러네이드→마칸수트라 글루톤스 베이 호커 센터→더블 헬릭스 다리→더 숍스→스카이 파크 전망대→가든스 바이 더 베이
장점: 도보 이동으로 교통비가 절감된다. 싱가포르 첫날 일정을 완전히 숙지할 수 있다.
단점: 체력에 자신이 없다면 무더운 날씨로 쉽게 지칠 수 있다.

싱가포르의 명물 요리 칠리크랩,
마칸수트라 글루톤스 베이 호커 센터
Makansutra Gluttons Bay Hawker Center

칠리크랩은 싱가포르 문화의 특성이 가장 잘 드러난 음식으로, 중국 음식과 말레이
시아 전통 음식이 절묘하게 혼합되어 있다. 칠리소스와 토마토소스, 생강, 마늘 등으
로 만든 걸쭉한 양념에 게를 넣고 볶아낸 후 향초를 곁들여 먹는 싱가포르 명물 게
요리다. 매콤하면서도 달콤한 맛이 여행자들의 입맛을 사로잡는다. 칠리크랩의 특별
함은 소스에서 나오는데, 칠리와 토마토가 잘 어우러진 소스의 절묘한 조화로 톡 쏘
는 맛이 일품이다. 또 조리 과정 마지막 단계에 넣는 계란과 밀가루의 조화로 칠리크
랩만의 오묘한 질감이 맛을 더욱 풍부하게 한다. 중국식 볶음밥을 주문해 소스와 함
께 비벼 먹거나 중국식 빵인 만토우를 곁들여 먹으면 칠리크랩을 제대로 즐길 수 있
다. 칠리크랩과 더불어 블랙페퍼 크랩(Black Pepper Crab) 요리도 인기 만점이다.

 강변에 위치한 마칸수트라 글루톤스 베이 호커 센터는 싱가포르의 야경 및 멀라이언 파크, 마리나 베이 샌즈 호텔을 감상하면서 식사를 즐길 수 있는 낭만적인 곳이다. 규모는 작은 편이지만 최고의 맛을 자랑하는 12점포의 맛집이 입점해 있다. 특히 칠리크랩이나 블랙페퍼 크랩를 판매하는 레드힐(Red hill) 점포에서는 알찬 가격으로 싱가포르 최고의 만찬을 맛볼 수 있다. 밤늦은 시간까지 여행객, 현지인 할 것 없이 사람들의 발걸음이 끊이질 않는 곳이다. 이 때문에 조용한 분위기에서 식사를 하고 싶다면 호커 센터 오픈 시간에 맞추어 방문하는 것이 좋다. 싱가포르 여행자들을 위한 싱가포르 음식 1순위인 칠리크랩과 함께 아름다운 싱가포르의 첫날을 추억하자.

이용 안내

◆운영시간: 월~목 17:00~02:00, 금~토 17:00~03:00, 일 16:00~01:00 ◆가격: 1인 S$29~ ◆주소: 8 Raffles Ave. 1 Esplanade Drive, #01-15 Esplanade Mall

Tip1 마칸수트라 글루톤스 베이 호커 센터에는 치킨라이스, 사테, 치콰이테오(말레이시아식 볶음 국수) 등 12개의 매장이 있다. 하이난 치킨라이스 매장은 왼쪽에서 5번째에 위치하고 있으며, 제일 끝에 위치한 레드힐 매장이 블랙페퍼 크랩과 칠리크랩을 전문으로 하는 매장이다.

Tip2 싱가포르 길거리 음식 호커 센터?
호커(Hawker)는 행상이나 행상을 하는 사람, 즉 좌판을 놓고 서민들에게 음식이나 물건을 파는 사람을 뜻한다. 싱가포르의 길거리 음식은 1950~1960년대에 최고 번성기를 누렸지만, 심각한 위생 문제가 제기되자 1968년 싱가포르는 길거리에서 물건 및 음식을 팔던 행상들을 한데 모아 위생을 개선하고 호커 센터를 만들었다. 이로 인해 싱가포르는 호커 센터 음식이 활성화되었고 전 세계에서 가장 안전하게 길거리 음식을 즐길 수 있는 나라가 되었다. 한국의 쇼핑 센터 내에 입점한 푸드코트와 같은 개념으로 보면 된다.

느낌 한마디

한국 음식 중 밥도둑 하면 간장게장이 떠오르듯이 싱가포르 음식의 밥도둑은 칠리크랩이다. 그 인기가 한국까지 전해졌는지 이제는 싱가포르에 방문하지 않고도 즐길 수 있는 음식이 되었다. 하지만 싱가포르에 가면 꼭 먹어야 하는 칠리크랩! 현지에서 즐기는 본토 음식인 칠리크랩을 그냥 지나칠 수는 없다.

붐비는 시간을 피해 이른 시간에 호커 센터를 찾았지만 이미 많은 사람들이 칠리크랩을 주문하고 있었다. 매장 앞에 음식 모형을 만들어놓아서 모형을 보고 음식의 양이나 메뉴를 쉽게 선택할 수 있다. 주문한 칠리크랩을 받아들고 마리나 베이 샌즈 호텔이 보이는 테이블에 자리를 잡고 녹말을 풀어놓은 듯 걸쭉한 소스를 맛본다. 한국의 매운 음식에 비해선 매콤함이 턱없이 부족하지만 혀끝에 맴도는 칠리소스의 맛이 묘하게 중독성 있다. 함께 주문한 볶음밥을 게딱지에 넣고 비벼 먹었다. 단맛이 나는 양념게장을 먹는 듯하다. 짜거나 맵지 않고 오히려 담백하다. 만토우를 소스에 찍어 먹어보니 부드러운 감칠맛을 준다. 고개를 돌려 주위를 보니 모두들 칠리크랩을 먹느라 정신이 없다. 허기진 배를 채우고 나니 어느새 해가 졌다. 기분 좋은 포만감과 함께 싱가포르의 야경이 더욱더 아름답게 보인다.

마칸수트라 글루톤스 베이 호커 센터
어떻게 가야 할까?

① MRT 래플스 플레이스 역에서 하차한다.

② 개찰구를 통과한다.

③ B 출구로 이동한 후 에스컬레이터를 타고 올라간다.

④ 이동 후 H 방향으로 이동한다.

⑤ 출구로 나온 후 왼쪽으로 이동하면 스탠다드차다드 은행이 나온다. 은행을 왼쪽에 두고 직진한다.

⑥ 끝 지점까지 직진하면 오른쪽 45도 방향으로 마리나 베이 샌즈 호텔이 보인다.

⑦ 왼쪽으로는 플러턴 호텔이 있다.

⑧ 플러턴 호텔을 따라 횡단보도가 나올 때까지 직진한다.

⑨ 횡단보도를 건넌다.

⑩ 직진하면 계단이 나온다. 계단 아래로 내려간다.

⑪ 계단을 내려오면 왼편에 멀라이언 파크 기념품 가게가 있다.

⑫ 오른쪽으로 직진하면 멀라이언 파크다.

⑬ 멀라이언 파크 왼쪽에 위치한 에스플러네이드 쪽으로 직진한다.

⑭ 에스플러네이드 오른쪽을 보면 만다린 오리엔탈 (Mandarin Oriental) 건물이 보인다. 건물 앞으로 이동한다.

⑮ 야외 공연장을 지나 왼쪽을 보면 마칸수트라 글루톤스 베이 호커 센터가 보인다.

아시아에서 가장 큰 대관람차,
싱가포르 플라이어
Singapore Flyer

싱가포르 플라이어는 프랑스의 에펠탑이나 영국의 런던아이와 같은 국가 아이콘에서 영감을 받아 만든 대관람차로, 2005년 9월 공사에 착수했으며 2008년에 개장했다. 2억 4천만 싱가포르 달러(1,700억 원)를 투자해 만든 아시아 최대 규모로, 싱가포르의 새로운 관광 명소로 자리 잡았다. 버스 1대 크기의 캡슐 28개가 150m의 원형 프레임에 달려 있으며 캡슐 하나에는 28명이 탑승할 수 있다. 캡슐에 탑승하면 발 아래로 펼쳐진 싱가포르의 색다른 전경을 즐길 수 있으며, 바닥 일부가 유리로 되어 있어 아찔한 스릴감까지 일석이조의 여행 경험을 남길 수 있다.

캡슐이 최고 높이인 165m 상공에 도달하면 싱가포르 강, 래플스 플레이스, 멀라이언 파크, 마리나 베이 샌즈 호텔, 에스플러네이드 등 싱가포르의 상징물들과 고층 빌딩들이 만들어내는 멋진 풍광을 360도로 회전하며 다양하게 감상할 수 있다. 바다 쪽으로 고개를 돌리면 싱가포르 번영의 초석이 무엇이었는지를 말해주듯 항구에 정박한 수많은 대형 선박들도 볼 수 있다. 맑은 날에는 말레이시아·인도네시아 섬까지 감상할 수 있으며, 특히 해질녘에 관람차를 타면 주황빛으로 물든 싱가포르의 야경에 깊은 감동이 밀려온다. 싱가포르 플라이어에 몸을 싣고 하늘에 두둥실 떠 있는 듯한 특별한 경험을 즐겨보자.

이용 안내

◆ **운영시간:** 08:30~22:30(마지막 티켓 판매시간 22:00) ◆ **요금:** 성인 S$33, 아동 S$21 ◆ **소요시간:** 30분 ◆ **주소:** 30 Raffles Ave. Singapore 039803 ◆ **전화번호:** 65-6333-3311 ◆ **홈페이지:** www.singaporeflyer.com

📖 **느낌 한마디**

느릿느릿하게 최고 높이로 향하는 싱가포르 플라이어에 탑승하니 하늘을 나는 버스에 올라탄 기분이다. 하나라도 놓칠 새라 두 눈이 바쁘게 움직인다. 별안간 발아래 유리 바닥으로 내려다보이는 풍경에 현기증이 일어난다. 42층이라는 건물 높이가 실감 날 정도로 아찔한 풍경이다. 도로 위의 자동차들은 마치 장난감처럼 보이고, 바다에 정박된 선박들도 물동이에 모형 배처럼 둥둥 떠있는 듯하다. '현대 중공업'이라는 마크가 똑똑히 보이는 역동적인 공사 현장도 보인다. 높디높은 마리나 베이 샌즈 호텔도 조그마하게 모습을 드러낸다. 가든스 바이 더 베이의 상징인 슈퍼트리는 활짝 핀 꽃처럼 아름답게 잎을 벌리고 있고, 플라워 돔과 클라우드 포레스트는 조심스레 입맞춤을 하고 있다. 발아래 진풍경을 정신없이 구경하다 보니 30분의 시간이 아쉽기만 하다. 대관람차에 올라 눈 호강을 마음껏 하고 내려가니, 이것 또한 여행의 묘미가 아닌가 싶다.

싱가포르 플라이어

어떻게 가야 할까?

① MRT 프롬네이드(Promenade) 역에서 하차한다.

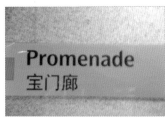

② 개찰구를 통과한다.

③ A 출구 방향으로 이동한다.

④ 출구에서 왼쪽으로 직진한다.

⑤ 정면에 횡단보도가 보이면 횡단보도를 건넌 후 왼쪽으로 직진한다.

⑥ 약 50m 직진하면 오른쪽 벽면에 싱가포르 플라이어라는 표지가 있다.

⑦ 직진해 에스컬레이터를 탄다.

⑧ 계속 걷다 보면 오른쪽 싱가포르 플라이어 입구가 보인다.

⑨ 미리 표를 구매하지 않은 여행자는 1층 매표소에서 표를 구매한다.

싱가포르 플라이어

어떻게 즐겨볼까?

1층에 있는 푸드코트는 1960년대의 싱가포르 음식 거리를 재현한 곳으로 싱가포르 문화나 세계 각국의 요리를 즐길 수 있다.

열대우림(Rainforest Discovery)이 조성된 1층에서는 무성한 식물이 전해주는 아름다운 풍광을 감상하며 산책해보자. 지친 일상을 잠시나마 잊을 수 있다. 열대 우림에서 바라보는 뮤즈 플라이어 바퀴의 모습도 특이하다. 정문 매표소 쪽으로 이동하면 야쿤 카야 토스트 가게와 덕 투어 사무실이 있다.

싱가포르 플라이어에 탑승하면 래플스 플레이스, 멀라이언 파크, 에스플러네이드, 플러턴 호텔, 싱가포르 강을 360도 회전하며 즐길 수 있다.

플라이어 쇼핑 매장에서는 싱가포르 플라이어 기념품 시계와 핸드백 등 선물용 상품을 판매한다. 조그마한 기념품으로 싱가포르 플라이어에서의 추억을 간직해보자.

Tip

싱가포르 플라이어 특별하게 즐기기!

싱가포르 슬링 플라이트(Singapore Sling Flight) 또는 **칵테일 플라이트**(Cocktail Flight): 싱가포르의 유명한 칵테일인 싱가포르 슬링을 1915년에 개발한 정통 레시피에 따라 만들어 제공하거나 진, 미도리, 사과 및 다른 과일을 혼합해 만든 싱가포르 현지의 독특한 시그너쳐 칵테일을 싱가포르 플라이어에 탑승한 손님에게 제공한다. 아시아에서 가장 거대한 대관람차에서 싱가포르 슬링이나 칵테일을 함께 즐기는 대표 낭만코스다.

운영시간: 14:30, 16:30, 18:30, 19:30, 20:30, 21:30 **티켓 판매시간:** 08:00~22:00 **소요시간:** 30분 **비용:** 성인 S$69, 아동(무알콜) S$31

월드 퍼스트 풀 버틀러 스카이 다이닝(World's First Full Butler Sky Dining): 1시간(2바퀴 회전) 동안 진행되는 버틀러 서비스로, 4가지 코스 요리가 제공되는 세계 최초 스카이 식사 코스다. 가장 높은 곳에 위치한 거대 캡슐에서 식사를 즐기는 특별 코스로 대관람차에서의 깊은 추억을 만들어보자. 스카이 다이닝 이용자에게는 대기시간 없는 익스프레스 탑승, 캡슐 내 호스트, 플라이어 고객 라운지를 무료로 이용할 수 있는 특전도 주어진다.

운영시간: 19:30, 20:30(30분 전 체크인) **티켓 판매시간:** 08:00~22:00 **소요시간:** 1시간 **비용:** 2인 S$269

모엣 샹동 샴페인 플라이트(Moët&Chandon Champagne Flight): 165m 높이의 싱가포르 플라이어에서 음악과 함께 최고의 샴페인을 즐길 수 있다. 모엣 샹동 샴페인 코스는 가족, 친구, 비즈니스 동료들을 위한 가장 이상적인 선택이다. 온보드 모엣 샹동 스카이바에서 즐기는 샴페인은 꿈 같은 하루를 선사할 것이다.

운영시간: 15:00, 17:00, 19:00, 20:00, 21:00 **티켓 판매시간:** 08:00~22:00 **소요시간:** 30분 **비용:** 성인 S$69

둘째 날,

자연과 역사, 문화가 가득한
가든과 시티

보타닉 가든

▼

싱가포르 국립 박물관

▼

차이나타운

▼

클락 키

여행을 하다 보면 그 나라의 역사에 대해 알고 싶고, 그 나라만의 특색 있는 모습을 보고 싶을 때가 있다. 그렇게 여행지가 친근해지면 현지인들의 삶 속으로 들어가 맥주 한잔을 즐기며 눈인사라도 나누고 싶어진다. 싱가포르 여행 둘째 날, 싱가포르의 역사와 문화를 여실히 담고 있는 곳, 시원한 맥주와 핫한 야경을 즐길 수 있는 곳으로 떠나보자.

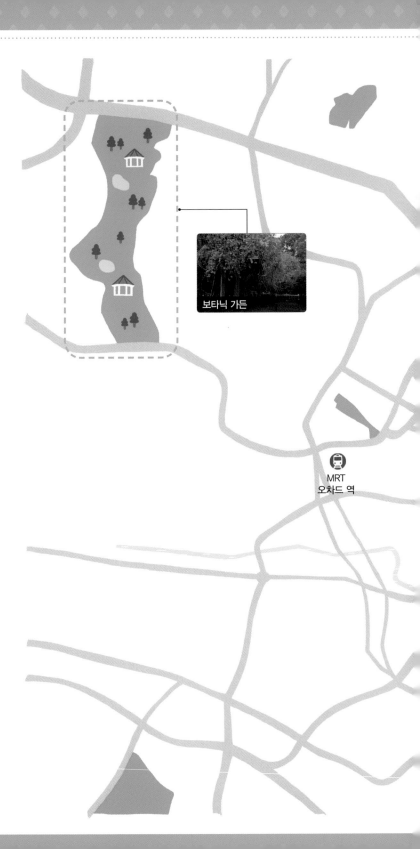

둘째 날
일정지도

보타닉 가든

MRT
오차드 역

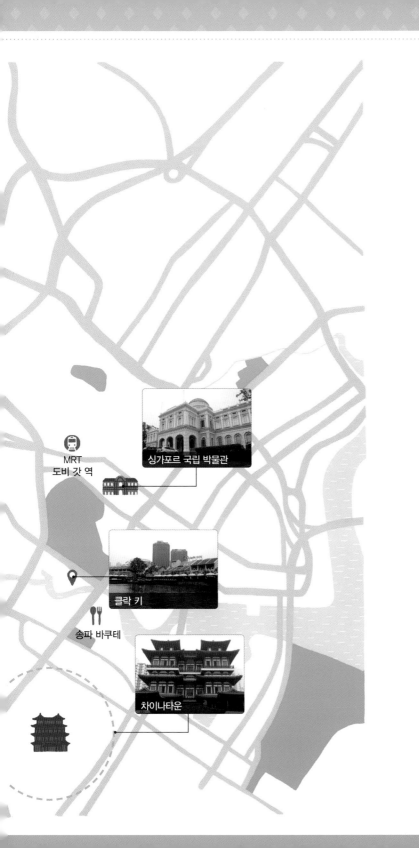

MRT
도비 갓 역

싱가포르 국립 박물관

클락 키

송파 바쿠테

차이나타운

싱가포르 최대 국립 식물원,
보타닉 가든
Botanic Garden

식물의 수집·성장·실험을 위한 시험용 정원을 만들자는 스탬포드 래플스 경의 취지에 따라 1859년 보타닉 가든이 설립되었다. 처음에는 영국 식민 정부의 관리를 받아 수십 년 동안 식물 연구기관으로서의 역할을 수행했으며, 현재는 싱가포르 법정 국립공원위원회가 관리하고 있다. 150년 이상의 역사와 22만 평 넓이의 보타닉 가든은 원예나 식물들의 끊임없는 도입과 육성으로 열대림·장미·난초 등 다양한 식물종이 자라고 있으며, 식물원인 동시에 공원으로서의 역할을 함께하고 있는 싱가포르 최대 국립 식물원이다.

정원 내부는 다양한 테마의 정원들로 구성되어 있다. 그 중 몇 가지를 간략하게 소개하고자 한다. 먼저 제이콥 발라스(Jacob Ballas) 어린이 정원은 말 그대로 어린이

들을 위한 정원으로, 놀면서 식물의 삶을 발견하고 배울 수 있는 장소다. 힐링 가든 (Healing Garden)에는 치유식물 400종 이상이 자라고 있어 산책만으로도 몸과 마음의 여유를 가질 수 있다. 에볼루션 가든(Evolution Garden)은 우리 행성 최초의 식물들을 감상할 수 있게 가꾸어놓은 정원이다. 기이한 식물들과 함께 태초로의 시간 여행을 즐길 수 있다.

국립 난초 정원(National Orchid Garden)은 여행자들에게 가장 인기 있는 정원으로, 약 1천여 종의 난초가 전시되어 있는 세계 최대 규모의 난초 정원이다. 전시된 난초들 중에는 유명 인사들의 이름을 딴 난초도 있어 관람에 재미를 더한다. 특히 곳곳에 마련된 산책로는 연인들의 데이트 장소나 웨딩 촬영 장소로도 사랑을 받고 있다. 오 자르뎅(Au Jardin) 및 할리아(Halia) 같은 레스토랑에서 브런치와 런치의 고급 식사도 가능하며, 도서관 상점(Library Shop)에서는 기념품과 책을, 정원 상점 (Garden Shop)에서는 식물을 구입할 수 있다.

보타닉 가든은 열대 식물원으로서는 최초로 2015년 7월 4일 유네스코 세계문화유산으로 등록되었다. 2011년 트립어드바이저(Trip Advisor)가 선정한 반드시 방문해야 할 싱가포르의 명소 291곳 중 1위로 뽑힌 싱가포르 보타닉 가든에서 여행의 참맛을 마음껏 만끽하자.

이용 안내

◆**운영시간:** 05:00∼24:00 ◆**요금:** 난초 정원(성인 S$5) 외 무료 ◆**주소:** 1 Cluny Road, Singapore 259569 ◆**전화번호:** 65-6471-7361 ◆**홈페이지:** www.sbg.org.sg

후문 입구가 생각보다 협소해 가든이 의외로 작은가보다 했다. 하지만 걸어도 걸어도 끝이 없다. 산책로를 따라 자리를 잡은 울창한 나무들은 숲을 이루고 있었다. 나무의 아름드리가 150년의 역사를 말해주었다. 애완견과 함께 산책하는 사람들, 조깅을 즐기는 사람들에게 자꾸만 눈길이 간다. 그들의 소소한 일상을 카메라에 전부 담아보려는 욕심을 뒤로하고 천천히 산책로를 따라 걸어본다. 테마별로 꾸며진 각각의 가든들은 직원들의 분주한 손길과 정성으로 다시 태어나고 있었다. 힐링 가든에는 자연을 즐기는 사람들로 가득하다. 갑자기 내린 스콜이 멈추자 하얀 안개가 자욱하게 깔린다. 숲속의 풍경이 마치 영화 속 세트장처럼 묘한 분위기를 풍긴다.

보타닉 가든의 백미인 국립 난초 정원에는 보지도, 듣지도 못했던 형형색색의 꽃들과 난들이 자리를 차지하고 있다. 고산지대를 재현한 에볼루션 가든으로 들어서니 에어컨이 켜져 있다. 식물을 위한 적정 온도를 유지하기 위해서인 듯하다. 여행자들은 한 장의 사진이라도 더 남기려는 듯 가다 서다를 반복한다. 정문으로 나가자 아름다운 호수가 가든의 정취를 마무리해준다. 싱가포르의 허파와도 같은 보타닉 가든에서 신선한 공기를 마음껏 마시고 나니 몸과 마음에 충전의 에너지가 가득 담긴 듯하다.

112

보타닉 가든

어떻게 가야 할까?

① MRT 순환선(Circle Line) 보타닉 가든 역에서 하차한다.

② 출구 방향으로 이동해 개찰구를 통과한다.

③ 보타닉 가든 방향 A 출구로 이동한다.

④ 에스컬레이터를 타고 지상으로 나오면 오른쪽에 보타닉 가든 후문이 있다.

Tip. 보타닉 가든 정문으로 가려면 MRT 오차드(Orchard) 역 B 출구로 나와 건너편에 있는 버스정류장에서 7번, 77번, 106번, 123번, 174번 버스를 이용한다. 승차 후 탕린몰을 지나 다음 정류장에서 하차해 도보로 이동하면 보타닉 가든 정문이 나온다.

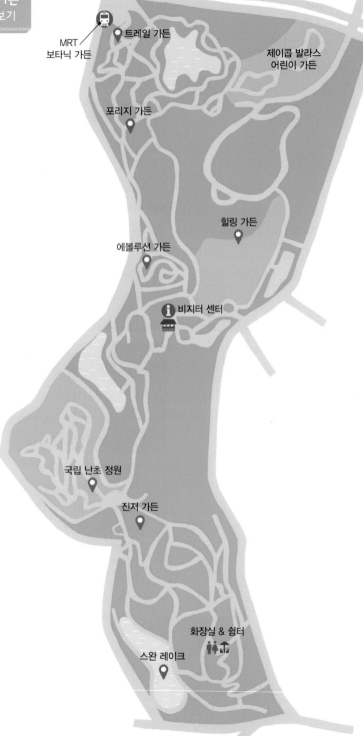

보타닉 가든
한눈에 보기

MRT
보타닉 가든

트레일 가든

제이콥 발라스
어린이 가든

포리지 가든

힐링 가든

에볼루션 가든

비지터 센터

국립 난초 정원

진저 가든

화장실 & 쉼터

스완 레이크

보타닉 가든
어떻게 즐겨볼까?

트레일 가든(Trellis Garden)

보타닉 가든의 후문으로 들어오면 제일 먼저 만나게
되는 가든이다. 동그란 구조물을 따라 트레일 형태
로 정원을 만들어놓아 환영 인사를 받듯 보타닉 가
든에 입장할 수 있다.

포리지 가든(Foliage Garden)

관상식물, 수생 경엽식물 등 다양하고 광범위한 식
물군이 다채로운 아름다움을 전해준다. 포리지 가든
의 식물들은 곤충의 소화액에서 나오는 분비물로 양
분을 얻어 생장한다. 정원 산책길을 따라 이동하면
로투스(Lotus)나 네룸보 누시페라(Nelumbo Nucifera)와
같은 수생식물도 조망할 수 있다.

힐링 가든(Healing Garden)

힐링 가든은 400종 이상의 치유식물이 있는 7천 평
부지의 조용한 휴식 공간이다. 동남아시아에서 사용
하는 약용식물을 사람의 신체 구성요소(생식계·호흡
계·신경계 등)에 따라 나누어 전시하고 있다. 심신을
치유하고 삶의 질을 향상시킬 수 있는 최적의 힐링
공간이다.

에볼루션 가든(Evolution Garden)

4천 평의 공간에 지구 태초의 식물들을 포함한 다양하고 웅장한 생물과 소철류들이 전시되어 있다. 정원을 둘러보는 것만으로도 타임머신을 타고 쥬라기 공원에 온 듯한 착각이 든다. 익숙한 일상의 풍경과는 전혀 다른 이색적인 풍경이 특별한 시간을 선물해준다.

국립 난초 정원(National Orchid Garden)

1928년부터 난초 정원의 연구가 시작되었다. 정원의 난초들은 정원 관리자들에 의해 수작업으로 조성된 것으로, 1천 종의 난초와 2천 종의 교배종이 전시되어 있다. 난초 정원 특유의 화려한 꽃과 독특한 난들을 즐길 수 있는 아름다운 공간이다.

진저 가든(Ginger Garden)

진저 가든에 조성된 폭포 뒤로 산책로가 있다. 낮에 산책을 하는 것도 좋지만 조명을 밝힌 밤에는 특별한 분위기를 즐길 수 있으니 참고하자. 3천 평의 면적에 거대한 아마존 수련을 포함한 250종 이상의 식물들이 자라고 있다. 아름다운 잎과 매력적인 꽃으로 여행객들에게 인기 있는 장소다.

스완 레이크(Swan Lake)

보타닉 가든에서 가장 매력적인 장소 중 하나다. 1866년에 조성된 관상용 호수로 싱가포르에서 제일 오래되었다. 4천 평 규모에 수심 4m로 수많은 종의 수생식물과 물고기들이 서식하고 있다. 아름다운 백조들의 활강 모습을 자주 볼 수 있기 때문에 '백조의 호수'라고도 불린다. 스완 레이크는 주변 정원에 물을 공급하는 중요 역할도 수행하고 있다.

> **Tip** 보타닉 가든을 둘러본 후 다시 후문으로 돌아가려면 많은 체력이 요구된다. 후문으로 입장해 보타닉 가든을 둘러본 후 정문에서 버스를 타고 오차드 역으로 이동하자. 진저 가든을 지나 오차드 로드 방향으로 이동한 후 보타닉 가든 정문을 통과한다. 길을 따라 직진하다 보면 글렌이글스 병원(Gleneagles Hospital)이 나온다. 병원 건물 앞 버스정류장에서 7번, 77번, 106번, 123번, 174번 버스를 이용하면 된다. 승차 후 오차드 역(승차 후 4번째 정류장)에서 내려 MRT를 이용한다.

싱가포르의 역사와 문화를 담은 곳,

싱가포르 국립 박물관

National Museum of Singapore

싱가포르 국립 박물관은 1882년에 헨리 멕컬럼(Henry McCallum)이 설계하고, 1887년 10월 12일 빅토리아 여왕의 축제일에 맞춰 당시 총독이었던 프레데릭 웰드 (Frederick Weld) 경이 개장한, 오랜 역사를 자랑하는 박물관이자 국가 지정물이다. 개장 당시에는 래플스 박물관으로 불리다가 1960년부터 현재의 명칭인 국립 박물관으로 불리게 되었다.

　박물관은 보수 공사를 통해 오래된 목조물을 바꾸고 오픈 당시 돔 형태의 외관을 살려 스테인드글라스(Stained Glass) 돔 지붕의 현대적 국립 박물관으로 탈바꿈되었다. 2005년에 완성된 스테인드글라스는 약 270cm 크기에 글라스 50조각으로 만들어졌으며, 이는 현재 국립 박물관의 상징이라 할 수 있다. 각 층마다 재현해놓은 고

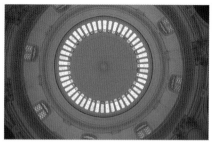

대 그리스 건축양식도 주요 볼거리 중 하나다.

국립 박물관은 1910년부터 말레이안(Malayan), 자바니즈(Javanese), 다야크족(Dyak)과 관련된 다양한 유물과 식물, 지질, 화폐 등을 전시하면서 민족 간 차별 없는 사고를 배울 수 있는 공간으로 자리 잡았다. 1987년에는 건립 100주년을 맞이해 기념 우표와 5달러짜리 기념 주화가 발행되기도 했다. 특히 동남아 역사관과 더불어 동물의 종합 표본관, 싱가포르 역사와 말레이 반도의 문화에 관한 유물 전시, 극동 선사시대의 유물에 관한 연구로 명성이 높다. 이곳은 싱가포르의 역사와 생활을 한눈에 볼 수 있는 곳일 뿐만 아니라 최첨단 기술과 다양한 시청각 자료를 통해 싱가포르를 보다 쉽게 이해할 수 있도록 도와준다.

국립 박물관과 싱가포르 국가문화유산위원회는 향년 91세를 일기로 타계한 초대 총리 고(故) 리콴유의 일대기를 주제로 추모 전시회를 열기도 했다. 추모 전시회 당시 리콴유 전 총리가 사용한 빨간 서류 가방, 우정 통신 노조에게 선물받은 로렉스 시계 등을 전시하기도 했다. 비정기적으로 특별 전시, 다양한 이벤트, 공연, 영화 상영도 진행되고 있으니 홈페이지를 통해 미리 확인하는 것도 알찬 박물관 이용의 한 방법이다. 싱가포르 국립 박물관을 찾아 싱가포르의 역사를 새겨보도록 하자.

이용 안내

◆ 운영시간: 10:00~19:00 ◆ 입장료: 성인 S$10, 어린이와 노인 S$5 ◆ 주소: 93 Stamford Road, Singapore 178897 ◆ 전화번호: 65-6332-3659 ◆ 홈페이지: nationalmuseum.sg

한국의 역사와 문화를 체험하기 위한 곳이 국립 중앙 박물관이라면 싱가포르의 역사와 문화를 체험하기 위한 곳은 싱가포르 국립 박물관이다. 박물관을 찾은 날은 재단장을 마무리하고 새롭게 오픈한 날이라 입구부터 사람들의 발길이 계속해서 이어졌다. 내부에 들어서자 돔 모양의 지붕이 인상적이다. 필기구를 손에 든 학생들이 역사 전시관을 정신없이 몰려다닌다. 박물관 해설자의 설명에 귀를 기울이는 모습이 사뭇 진지하기까지 하다. 나도 그들 틈에 끼여 귀동냥을 해본다. 2층에서 내려다본 고딕양식의 내부 건물이 화려하다. 일본의 침략상이 전시된 공간에 들어서니 오디오를 통해 쏟아지는 비행기의 굉음이 그 당시 긴박한 상황을 상상하게 한다.

국립 박물관 건너편에는 싱가포르 역사의 산실, 싱가포르 경영대학이 위치한다. 박물관에서 싱가포르의 역사와 문화를 살펴보고 나니 왠지 모르게 발길이 대학으로 옮겨진다. 캠퍼스를 거닐며 과거로부터 이어지는 현재와 미래에 대해 생각해본다.

싱가포르 국립 박물관
어떻게 가야 할까?

① MRT 도비 갓(Dhoby Ghaut) 역에서 하차한다.

② 개찰구를 통과한 뒤 A 출구 스탬포드 로드 쪽으로 이동한다.

③ 지상으로 나오면 '오차드 로드'라는 표시가 보인다.

④ 출구에서 오른쪽 방향으로 직진하다 횡단보도를 건넌다.

⑤ 직진하다 보면 횡단보도가 또 나온다. 다시 횡단보도를 건넌 뒤 왼쪽으로 직진한다.

⑥ 오른쪽에 YMCA 건물이 있다.

⑦ YMCA 건물을 지나면 오른쪽 45도 방향에 국립 박물관이 있다.

Tip 국립 박물관에서 조금만 이동하면 그 유명한 싱가포르 경영대학이 있다. 박물관을 구경한 후 시간이 나면 경영대학을 둘러보는 것도 추천한다. 경영대학 길 건너편에는 독특한 구조의 예술학교도 있으니 천천히 구경해보자.

싱가포르 경영대학   예술학교

싱가포르 국립 박물관
어떻게 즐겨볼까?

1층 역사 전시관에서는 700년 전부터 시작된 싱가포르의 도전의 순간들과 독립적·현대적 도시로 변화한 싱가포르의 발전상을 전시하고 있다. 싱가푸라(Singapura), 크라운 콜로니(Crown Colony), 일본 침략을 거쳐 현재에 이르기까지 싱가포르의 역사를 설명해주는 다양한 전시물과 영상물을 감상해보자.

싱가포르 돌은 플러턴 호텔 주변에서 출토된 옛 비석의 일부로, 추정 시기는 10~14세기경이다. 비석에 새겨진 글은 고대 수마트라나 자바 문자로 추정된다. 이 돌은 식민지 이전 역사의 중요한 유물이며 싱가포르 11대 국보로 관리되고 있다.

싱가푸라 전시관은 싱가포르 초기의 역사(1299~1818)를 주제로 구성된 전시관이다. 싱가포르의 출발점이 강이었음을 영상물을 통해 보여주고 있으며, 싱가포르 강에서 출토된 선사시대의 도구는 싱가포르의 역사가 수천 년 전부터 시작되었음을 말해준다. 또한 싱가포르 최초의 기록은 14세기로 추정된다는 것과 더불어 싱가포르는 중국의 도자기나 석기, 나무 천연제품의 거래 장소이자 말레이 군도, 태국, 중국, 인도와 무역·정치적으로 연결되어 있었음을 알려준다.

크라운 콜로니 전시관은 1819~1941년까지의 싱가포르 역사를 다룬다. 영국의 식민지 시절이었던 1819년에 스탬포드 래플스 경이 싱가포르에 도착했다. 그는 도시를 정리해 아시아 전초기지로서 싱가포르를 통치를 했으며 늪지대인 작은 섬(싱가포르)을 기초 구획했다. 1850년대에는 싱가포르를 아라비아와 아프리카의 무역선이 정박된 동남아시아의 무역센터이자 국제 금융센터로 성장시켰다. 그 후로도 싱가포르의 성장은 계속되었고 1941년에는 국제 전신 전화, 편의시설 등을 갖추게 된다.

제2차 세계대전에서 영국이 수세에 몰리자 일본은 말레이 반도에 상륙한 뒤 최남단인 싱가포르까지 진격한다. 그러자 영국군은 당시 말레이시아의 일부분이었던 싱가포르를 일본에게 내어준다. 1942년부터 1945년까지의 일본 침략 시기를 주제로 한 전시관에는 그때 당시의 전쟁상과 일본군의 군모 등이 전시되어 있다. 전쟁이라는 격동의 시기를 직설적이며 역동적으로 표현한 포스터도 감상할 수 있다.

일본이 패망한 후 싱가포르는 영국의 군정체제하에 있었기 때문에 1959년에야 비로소 자치정부가 수립되었다. 그 후 싱가포르는 말레이시아의 일부가 되었다가 1965년에 현재 우리가 알고 있는 싱가포르로 완전 분리 독립국가가 되었다. 하지만 이때의 분리 독립은 자발적이었다기보다는 말레이시아의 총리 툰쿠 압둘 라만이 말레이 연방에서 싱가포르를 강제 탈퇴시킨 것이었다. 이에 대한 역사를 다룬 전시관에서는 리콴유 총리가 나오는 흑백 동영상이 상영되고 있는데, 싱가포르가 강제 탈퇴를 당했을 당시 나라의 미래를 걱정하며 눈물을 흘리는 리콴유 총리의 모습이 나오기도 한다.

1920~1930년대 영국의 크라운 식민지 기간 동안 싱가포르는 글로벌한 도시로 성장한다. 특히 1920년대 중국 이민자들의 유입으로 여성들은 더 많은 교육 기회를 얻었을 뿐 아니라 공공역할 또한 수행하게 되었다. 2층 전시관에서는 그 당시 싱가포르의 여성들이 자신의 역할과 도전에 직면하는 모습을 보여주며, 그때 유행했던 옷과 천을 전시하고 있다. 싱가포르식 웨딩드레스, 중국식 드레스 치파오 등도 관람할 수 있다.

1942년 2월 15일 영국군의 항복으로 세워진 일본 욱일기는 싱가포르의 가장 어두운 역사를 상징한다. 이 전시관은 일본의 점령기간 동안 역경을 벗어나고자 노력하는 싱가포르인들의 지략과 대응을 보여준다. 두려움, 고난, 억압에 대항하는 끈기와 자립 의지로 폐허 속에서 피어나는 희망을 강조한다. 서바이빙 시오난(Surviving Syonan, 1942~1945)은 일본의 침략에 의한 전쟁의 참혹상을 비행음과 함께 생생하게 재현한 곳이다.

싱가포르는 1950~1960년대에 '자치정부, 합병, 독립국가'라는 일련의 과정을 겪으면서 정치적·사회적으로 상당히 불안했다. 그로잉 업(Growing Up) 전시관에서는 싱가포르 독립 초기의 역사를 다루고 있으며, 젊은 국가로서 출발하는 격동기에도 아이들은 꿈과 열망을 추구하길 바랐던 싱가포르의 국가적 소망을 보여준다. 격동기 싱가포르의 성장 상황을 전시하고 있다.

1970년대의 싱가포르는 산업화와 친(親) 기업 정책으로 경제적 성공을 이루었다. 또한 당시 싱가포르는 교육, 주택, 인구 계획을 통한 경제 정책을 우선시했다. 보이시스 오브 싱가포르(Voices of Singrapore) 전시관은 1970~1980년대의 싱가포르에 대해 다루며, 싱가포르의 정체성이 담긴 창조적인 생각과 표현, 지역사회의 여러 목소리들을 수용해 지금의 역동적인 사회가 되었음을 보여준다. 싱가포르의 발전상을 요약 정리한 전시관이다.

이국적인 식물로 공포를 유발함으로써 인간과 자연 사이의 복잡하고 불안한 관계를 탐구한다. 디자이어 앤 데이저(Desire and Danger)는 자극적인 전시로 욕구와 위험 사이의 미세한 간극을 발견하고자 하는 전시관이다.

다양한 볼거리와 먹거리를 즐긴다,

차이나타운

Chinatown

중국에서 넘어온 노동자들의 역사가 싱가포르 번영의 초석임을 감안하면, 차이나
타운은 싱가포르 역사의 출발점이라고 해도 과언이 아니다. 싱가포르 전체 인구 중
75%가 중국인이라고 하니 그들의 삶의 모습은 사실 싱가포르 곳곳에서 마주칠 수
있으며, 이는 그리 새삼스러운 일이 아니다. 그럼에도 '차이나타운'은 중요한 장소로
여겨지는데, 이곳에는 초창기 중국 이주민들의 역사가 고스란히 남아 있어 그들의
삶의 애환과 흔적을 되짚어볼 수 있기 때문이다. 도시 정비 계획에 의해 예전의 모
습을 많이 잃어버리긴 했지만 그 나름의 고유한 정체성을 유지해온 덕에 1989년 도
시재개발위원회로부터 보존지역으로 지정되었다. 차이나타운을 거닐다 보면 전통
수공예품, 도자기, 칠기, 서예품, 한약재 등을 심심치 않게 보게 되는데 마치 중국의

축소판을 보는 듯하다. 또한 오랜 전통을 자랑하는 다양한 먹거리와 차, 선물 용품 등으로 관광객들이 끊임없이 찾고 있다. 거리 곳곳에는 형형색색의 파스텔 톤 건물들이 즐비해 마치 마카오의 거리를 연상시키기도 한다.

차이나타운에는 헤리티지 센터 (Heritage Centre)와 가장 오래된 힌두 사원인 스리 마리암만 사원(Sri Mariamman Temple)이 있는 파고다 스트리트(Pagoda Street), 부처의 성치(치아)를 모신 절인 불아사(Buddha Tooth Relic Temple)가 위치한 템플 스트리트(Temple Street), 밤이면 차도를 막고 노천 먹자 골목길을 완성하는 밤의 천국 스미스 스트리트(Smith Street), 고급 레스토랑, 스파숍, 바(Bar)가 있는 클럽 스트리트(Club Street), 크로스 스트리트(Cross Street) 등의 거리가 있다. 산책을 겸해서 둘러본다면 2시간 정도면 돌아볼 수 있으나 쇼핑을 즐긴다면 반나절을 둘러본다고 해도 부족할 정도로 다양한 볼거리와 먹거리를 제공하는 곳이다. 미식가들의 입맛을 자극하는 차이나타운 콤플렉스(Chinatown Complex) 2층에 위치한 호커 센터와 맥스웰 푸드 센터(Maxwell Food Centre)에서는 다양한 로컬 음식과 디저트, 음료를 골고루 맛볼 수 있다. 일부 여행자들은 발 마사지 숍에서 마사지를 받으며 고단한 일정의 피로를 풀기도 한다. 싱가포르 최고의 필수 여행코스인 차이나타운에 들러 소중한 시간을 즐겨보자.

이용 안내

◆ **영업시간:** 가게마다 상이 ◆ **주소:** 29A/B Smith Street, Singapore 058943 ◆ **전화번호:** 65-6221-5115(차이나타운 상인 협회) ◆ **홈페이지:** www.chinatown.sg

Tip1 피플스 파크 센터(People's Park Centre) 3층 '씨 휠 트래블(Sea Wheel Travel)'에서 싱가포르 관광지 입장권(스카이 파크 전망대, 가든스 바이 더 베이, 유니버셜 스튜디오, 윙스 오브 더 타임, 루지 등)을 알찬 가격에 구매하자. 영업시간은 주중(09:00~20:00)과 주말(09:00~18:00)이 다르니 방문시 염두에 두자.

씨 휠 트래블 가는 길
① MRT 차이나타운 역에서 하차해 D 출구로 나간다.
② 피플스 파크 센터 건물로 들어가서 3층으로 이동한다.

Tip2 차이나타운 추천코스

파고다 스트리트→템플 스트리트→스미스 스트리트→클럽 스트리트

 느낌 한마디

거리, 음식, 기념품, 모든 것이 중국풍이다. 건물도 오랜 전통을 유지해온 듯 각양각색을 뽐내고 있으며 싱가포르 독립 50년을 알리는 제등까지 그야말로 중국에 온 듯한 느낌을 준다. 인도풍 옷 가게들도 간혹 보이지만 마치 메인 요리의 양념처럼 섞여 있을 뿐이다. 차이나타운이라는 말 그대로 중국의 작은 마을인 것 같다. 초창기 싱가포르 이민자의 가장 큰 주류였고, 현재 싱가포르 인구의 가장 큰 핵심인 중국인들의 활기찬 모습을 엿볼 수 있다. 저렴한 가격의 맛집들도 죄다 이곳에 모여 있는 듯하다. 오랜 시간 동안 명맥을 유지해온 간식거리와 맛집들이 즐비하며 내로라하는 식당이나 가게들에서의 줄서기는 기본이다.

거리를 걷는 사람들을 보면 이곳이 차이나타운인지 아랍인지 인도인지 구분이 가지 않을 정도다. 싱가포르 여행자들이 모두 이곳에 모여 있는 듯, 거리는 다민족으로 인산인해를 이룬다. 그렇게 길을 걷다 보니 갑자기 힌두교 사원이 나타난다. 중국을 느끼며 고풍스러운 중국 거리를 걷고 있는데 힌두교 사원이라니! 마술을 부리듯 주변은 온통 인도인이다. 그랬다, 이곳은 중국이 아니라 다민족 국가 싱가포르의 중심인 차이나타운이었다.

차이나타운

어떻게 가야 할까?

1. MRT 차이나타운 역에서 하차한다.

2. 출구 방향으로 이동한 뒤 개찰구를 통과한다.

3. 좌회전해서 A 출구로 나간다.

4. 출구로 나가면 차이나타운 파고다 스트리트 시작 점이다.

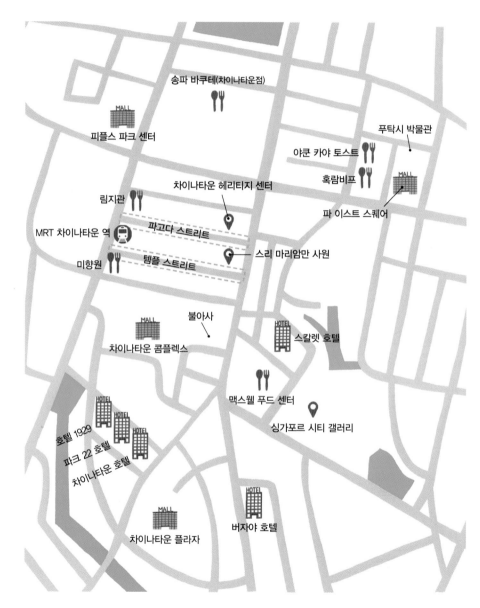

차이나타운
어떻게 즐겨볼까?

파고다 스트리트

차이나타운 역에서 스리 마리암만 사원까지 이어지는 차이나타운의 메인 스트리트다. 가장 중국적인 거리로 중국 전통 의상을 비롯한 각종 기념품 가게와 먹거리 가게들이 즐비하다. 싱가포르 여행의 필수 코스로 자리매김했으며 다른 지역에 비해 저렴한 가격으로 기념품을 구입할 수 있다.

얼리비에이트(Alleviate)

파고다 스트리트 입구 왼편에는 파고다 스트리트의 필수 관광 코스 중 하나인 발 마사지 숍 얼리비에이트가 있다. 이곳은 피쉬 스파(Fish Spa)로도 유명하다. 피곤에 지친 여행자들은 한 번 들러볼 만하다.

가격: 발 마사지 30분 S$20~

차이나타운 헤리티지 센터

가옥 3채를 복원해 차이나타운 중심가에 세운 박물관으로 이주 중국 노동자들의 역사를 한눈에 볼 수 있다. 3층 높이의 건물로 만들어졌으며 1~2층에는 중국인 이민자들이 싱가포르 이주 초기에 겪었던 역경과 고난이, 3층에는 1950년 초의 찬란한 황금기의 모습이 재현되어 있다. 전시물을 통해 차이나타운의 사회사 및 발전에 대해 배울 수 있으며, 싱가포르 중국인 이민자들의 여정을 되새겨볼 수 있다.

스리 마리암만 사원

싱가포르에 있는 가장 오래된 힌두교 사원이다. 사원을 만든 사람은 싱가포르 땅을 처음 밟은 인도인, 나라이나 필라이(Naraina Pillai)다. 힌두교 사원이 차이나타운의 제일 중심부에 세워진 이유는 나라이나 필라이가 중국인들보다 먼저 차이나타운에 정착했기 때문이다. 높이 15m의 힌두교 사원은 1827년에 공사를 시작해 1843년에 완공되었으며, 탑에는 힌두교 신·전사·뱀·소·사자 등이 새겨져 있다. 입장시에는 신발을 벗어야 한다.

관람시간: 09:00~20:00 **입장료:** 성인 S$8, 아동 S$4.8 **위치:** 차이나타운 역에서 파고다 스트리트를 따라 3분 정도 직진하면 왼쪽에 위치한다. **홈페이지:** www.chinatownheritage.com.sg

관람시간: 7:00~12:00, 18:00~21:00 **입장료:** 무료(카메라 촬영은 S$3) **위치:** 파고다 스트리트의 끝 지점에서 우회전한다. **홈페이지:** www.heb.gov.sg

템플 스트리트는 깨끗하고 볼거리가 많아 걷는 것만으로도 여행의 묘미를 즐길 수 있다. 날마다 노천시장이 들어서는데 선물이나 기념품을 구입하기에도 좋다.

박물관 형태로 된 5층 건물로, 1층에는 황금색의 부처상과 작은 불상, 2~4층에는 불당과 박물관이 있다. 특히 4층에는 신자들이 기증한 420kg의 금으로 만든 사리탑이 있으며 사리탑에는 부처 성치가 보관되어 있다. 5층에는 기도 바퀴 미니차가 있는데, 미니차를 돌리면 불교 경전을 읽은 것과 같은 효과가 있다는 속설이 있다. 불아사 용화원은 싱가포르의 종교 예술과 문화의 단면을 보여주는 곳으로 문화 기념물로 보호받고 있다. 반바지로는 입장이 불가능하기 때문에 입구에 비치된 천을 두르고 입장해야 한다.

관람시간: 07:00~19:00 **입장료:** 무료 **주소:** 288, South Bridge Road, Singapore 058840 **전화번호:** 65-6220-0220 **홈페이지:** www.btrts.org.sg/english-home

싱가포르 야경의 1번지,

클락 키

Clarke Quay

1819년 싱가포르가 설립된 이후 싱가포르 강은 스탬퍼드 래플스 경에 의해 빠르게 무역항으로 성장한다. 그러자 무역중심지로서의 성장에 맞추어 운송된 물품을 보관해둘 창고가 필요해졌고, 클락 키가 보관 창고 역할을 하게 되었다. 하지만 20세기까지 계속된 물품 운송과 거래로 싱가포르 강은 심각한 오염에 직면했고, 싱가포르 정부는 새로운 화물 서비스를 클락 키에서 현대적 시설을 갖춘 파시르 판장(Pasir Panjang)으로 이전했다.

상품 보관 창고로서의 역할이 사라지자 클락 키는 심각한 정체기에 빠졌고 싱가포르 정부는 클락 키의 복원을 계획했다. 1단계 개발로 1977년부터 1987년까지 오염된 클락 키의 환경을 정리했으며, 더 나아가 클락 키를 계획 지역으로 개편해 상

업·주거·엔터테인먼트 구역으로 탈바꿈시켰다. 오랜 건물은 클락 키의 역사적 가치나 특성을 고려해 복원하거나 리모델링해 좀더 편한 공간으로 재탄생시켰다. 2단계 개발은 2006년에 마무리되었는데 건축가 윌 알소프(Will Alsop)의 디자인에 따라 하우스 외관, 거리 및 강변, 레스토랑, 업그레이드된 클럽을 새롭게 재구성했다. 30여 년간의 복원 프로젝트로 새롭게 태어난 클락 키 주변의 레스토랑에서는 강변의 정취와 야경을 감상하면서 근사한 식사를 즐길 수 있으며, 바와 클럽에서는 라이브 음악도 들을 수 있다.

MRT 클락 키 역에서 내리면 2007년에 완공한 더 센트럴(The Central) 쇼핑몰을 구경할 수 있고, 쇼핑몰을 지나 클락 키로 접어들면 2003년에 오픈한 지맥스 리버스 번지(G-MAX Reverse Bungy) 점프를 만날 수 있다. 클락 키의 강변과 거리는 정교한 음영시설 및 냉각 보완 장치로 섭씨 4도의 온도를 감소시키는 독창적인 시스템 디자인을 자랑하기도 한다. 재창조의 결실로 클락 키는 2007년에는 풍경 건축상 (2007 Cityscape Architectural Review Award)을, 2008년에는 아시아 최고의 워터 프런트 개발상(the Cityscape Asia Awards)을 수상했다. 1년에 200만 명 이상의 관광객이 방문하는 싱가포르 야경의 1번지인 클락 키를 찾아 분위기 있는 강변의 낭만적인 정취와 멋에 취해보자.

이용 안내

◆ **영업시간:** 가게마다 상이　◆ **주소:** 3 River Valley Road, Singapore 179024　◆ **홈페이지:** www.clarkequay.com. sg/en

Tip '클락 키'라는 지명은 1873~1875년까지 재임했던 영국 식민지 정책국 2대 총독 '앤드류 클락크 경 (Sir Andrew Clarke)'의 이름에서 따온 것이다.

느낌 한마디

클락 키의 뜨거운 인기를 몸소 체험하고자 낮에 간 클락 키를 밤에 다시 찾았다. 클락 키의 낮과 밤은 다른 듯 이어져 있었다. 낮에 찾은 클락 키의 레스토랑, 바, 클럽들은 저녁을 위한 준비로 분 주했고, 강가에는 리버 크루즈를 타기 위한 관광객들이 점조직을 이루고 있었다. 하지만 클락 키 주변은 대부분 태풍전야처럼 조용히 숨을 죽이고 있었다. 저녁에 다시 찾은 클락 키는 드디어 본 색을 드러내었다. 싱가포르의 뜨거운 태양보다 더 강렬한 곳이 클락 키의 밤이었다. 약속된 시간 에 약속된 공연을 펼치듯 감추어 두었던 모습을 일제히 드러내며 파티 분위기를 만들었다. 화려한 조명과 시끌벅적한 클락 키의 밤은 여행자들의 가슴을 설레게 하기에 충분했다.

낮 동안 충전이라도 한 듯 클락 키의 밤은 쉼 없이 돌아간다. 나도 그들 틈에 끼여 타이거 맥주 한 잔을 마시며 야경에 취해본다. 조명을 밝히고 이동하는 리버 크루즈는 클락 키 밤의 생명선 같다. 맞은편 강둑으로 이동해 클락 키의 야경에 빠져본다. 영화의 한 장면을 보는 듯하다. 강둑에 앉은 연인들의 어깨동무가 더욱더 정겹게 보이고, 기타 연주와 함께 울려 퍼지는 노랫소리가 메아리처 럼 클락 키 강변을 따라 이동한다.

클락 키

어떻게 가야 할까?

① MRT 클락 키 역에서 하차한다.

② E 출구 방향으로 이동해 에스컬레이터를 2번 탄 후 센트럴 쇼핑몰 쪽으로 직진한다.

③ 쇼핑몰로 들어간다.

④ 쇼핑몰 내에서 직진 후 우회전해 이동하면 쇼핑몰 출구가 나오는데, 그곳이 클락 키의 시작이다.

 싱가포르 타이거 맥주

타이거 맥주는 1932년 10월에 출시되었으며, 타이거 맥주의 광고 문구이기도 했던 『타이거를 위한 시간』이라는 소설로 1950년대에 큰 인기를 얻게 되었다. 맥아 향이 적고 단맛이 조금 나며, 탄산이 적어 부드럽게 마실 수 있는 맥주다.

클락 키

어떻게 즐겨볼까?

점보 레스토랑(JUMBO Seafood Restaurant)은 1987년에 문을 연 싱가포르 대표 레스토랑으로 하루에도 수천 명의 여행자들이 찾는 곳이다. 싱가포르 전역에 5개의 지점을 가지고 있지만 그 중 리버사이드점이나 리버워크점이 가장 인기가 좋다. 만만치 않은 가격이지만 멋진 야경과 싱가포르 대표 음식 칠리크랩을 보다 특별하게 즐기고 싶다면 점보 레스토랑을 방문해보자. 세계적인 레스토랑인 만큼 예약은 필수다. 인터넷으로도 예약이 가능하며 적어도 2주 전에는 예약을 하는 것이 좋다.

클락 키의 브루웍스는 수제맥주로 유명한 곳이다. 마이크로브루어리(microbrewery, 소규모 맥주 양조장)에서 직접 만든 다양한 하우스 맥주가 구비되어 있어 입맛에 맞는 맥주를 골라 마실 수 있다. 선호하는 맥주가 특별히 없다면 '맥주 샘플러'를 추천한다. 14가지 맥주 가운데 4가지를 샘플로 골라 맛을 본 후 그 중 마음에 드는 맥주를 큰 잔으로 주문하면 된다. 클락 키의 다른 바들은 낮에는 대개 한산한 편인데 브루웍스는 낮 시간에도 붐빈다. 브루웍스는 시간대별로 맥주 가격이 다르며 해피아워(Happy Hour)인 오후 12~3시가 제일 싸다.

영업시간: 12:00~15:00, 18:00~24:00 **가격:** 1인 기준 S$80~ [땅콩+물수건+칠리크랩(1kg S$50)+공기밥+음료+17%(봉사료 10%+GST 7%)] **위치:** 리버사이드 포인트 정면 왼쪽에 위치한다. **전화번호:** 65-6532-3435 **홈페이지:** www.jumboseafood.com.sg

영업시간: 월~목, 일 12:00~24:00, 금~토, 공휴일 12:00~새벽 1:00 **가격대:** 맥주 샘플러 4잔 S$13~ **위치:** 리버사이드 포인트 정면 오른쪽에 위치한다. **전화번호:** 65-6438-7438 **홈페이지:** www.brewerkz.com

---

 점보 레스토랑 홈페이지 예약 방법

① 홈페이지 화면 오른쪽 하단에 예약하기를 클릭한다.
② 왼쪽 메뉴에서 본인이 원하는 지점을 선택한다(두 번째에 있는 '리버사이드 포인트'가 리버사이드점이다).
③ 오른쪽에 이메일, 인원수, 원하는 날짜 등을 기록하고 전하고 싶은 메시지에 실내, 실외를 기재한다(간단한 영어로도 충분히 예약할 수 있다).
④ 확답 메일을 받으면 예약이 완료된다.

리버 크루즈는 1987년부터 운행이 시작되었으며 40분 동안 싱가포르 북부 강변을 따라 보트 키, 클락 키, 마리나 베이 등 싱가포르 최고의 부두를 경유한다. 또한 멀라이언, 래플스 상륙지, 에스플러네이드와 같은 다양한 역사적 장소도 방문한다. 역사·문화를 테마로 한 아름다운 싱가포르의 모습을 즐길 수 있으며, 특히 일몰 후의 리버 크루즈 경험은 싱가포르 여행에 특별함을 더해준다. 여행자들은 원하는 정류장에서 타고 내릴 수 있으며, 주요 이동경로는 '로버트슨 키 – 클락 키 – 보트 키 – 에스플러네이드 – 멀라이언 파크–마리나 베이'다.

2003년 싱가포르에 오픈한 지맥스 리버스 번지는 매일 수백 명의 여행객들을 유혹하는 인기 관광지다. 뉴질랜드에서 설계되고 개발되었으며 클락 키를 방문하는 이들의 용감한 영혼을 위해 반드시 경험해보아야 할 코스가 되었다. 상부에 이르면 마치 아드레날린 주사를 맞은 것처럼 깊은 환각에 빠진다. 최대 5명까지 앉을 수 있으며 50~60m 높이에, 120~200km의 속도를 즐길 수 있는 신 개념 번지다.

운행시간: 09:00~22:30 **요금:** 성인 S$25, 아동 S$15 **매표소:** 보트 키, 클락 키, 로버트슨 키, 멀라이언 파크 등의 선착장 매표소 **전화번호:** 65-6336-6111 **홈페이지:** www.rivercruise.com.sg

운영시간: 14:00~ **종류:** GX-5(높이 50m, 속도 120km), G-MAX(높이 60m, 속도 200km) **요금:** 성인 S$45, 학생 S$35 (MAX-Combo는 S$69) **전화번호:** 65-6338-1766 **홈페이지:** www.gmaxgx5.sg

추피토스(Chupitos)는 스페인어로 작은 술잔, 샷이라는 뜻이다. 추피토스 바에는 130종류의 맛과 색을 가진 샷이 있다. 추피토스의 첫 느낌은 달콤하고 부드럽다. 하지만 중간에 뜨거운 기운이 확 올라오고 언제 그랬냐는 듯 다시 달콤함으로 끝을 맺는 매우 인상적이고 매력적인 술이다.

비어마켓(Beer Market)에서는 50종류 이상의 맥주가 공급되며 그날그날 공급된 맥주의 양과 고객의 수에 따라 맥주 가격이 달라진다. 라이브 연주와 함께 다양한 안주와 맥주를 즐길 수 있다.

영업시간: 일~화, 목 18:30~새벽 1:30, 수, 금~토 18:30~새벽 3:30 **가격대:** 추피토스 샷 S$4~ **전화번호:** 65-9661-8283 **홈페이지:** www.thechupitosbar.com

영업시간: 일~목 18:00~새벽 1:00, 금~토, 공휴일 18:00~새벽 3:00 **가격대:** S$15~ **주소:** 3B River Valley Road #01-17/02-02, Singapore 179021 **전화번호:** 65-9661-8283 **홈페이지:** www.beermarket.com.sg

부드럽고 쫄깃한 로컬음식,
티안티안 하이난 치킨라이스
Tian Tian Hainanese Chicken Rice

중국 하이난 이민자들에 의해 처음 전해진 치킨라이스는 현재 싱가포르를 구성하는 다민족들 모두가 즐겨먹는 싱가포르 대표 음식이다. 치킨라이스는 닭고기에 마늘, 고수 등의 향신료를 넣어 푹 삶은 후 그 육수로 밥을 지어 만든다. 보통 맵고 새콤한 칠리소스와 닭 육수 수프를 곁들여 먹는다. 닭고기 육수로 지은 밥은 고소한 맛이 나며 향신료로 잡내를 없앤 닭고기는 향도 좋을 뿐 아니라 육질 또한 부드러워 남녀노소 누구나 즐길 수 있다. 치킨라이스는 요리법에 따라 종류가 다양한데 그중 하이난 치킨라이스가 한국인들의 입맛에 딱 맞다.

맥스웰 푸드 센터에는 100여 개의 다양한 상점들이 입점해 있으며 현지인과 여행객들 모두에게 인기 있는 호커 센터로, 대표 식당으로는 티안티안 하이난 치킨라이스, 젠젠포리지(Zen Zen Porrige)가 있다. 티안티안 하이난 치킨라이스는 싱가포르에서 1년에 한 번 발간하는 맛집 책자 〈마칸수트라(Makansutra)〉가 뽑은 전설적인 싱가포르 호커 15선에 선정되었으며, 2004년 싱가포르 대표 일간지 〈스트레이트 타임즈(Straits Times)〉가 뽑은 '베스트 치킨라이스

식당'에 선정되기도 했다. 오늘은 싱가포르식 호커 센터에서 현지인들과 어울려 싱가포르 대표 음식 치킨라이스를 즐겨보자.

___
이용 안내

◆ **영업시간:** 11:00~20:00(월요일 휴무) ◆ **가격대:** S\$3~7 ◆ **주소:** 1 Kadayanallur Street, Singapore 069184 Tanjong Pagar

📝 느낌 한마디

우리나라에 닭백숙이 있다면 싱가포르에는 치킨라이스가 있다. 우리나라 닭백숙의 닭고기는 다소 퍽퍽한 데 비해 싱가포르 치킨라이스의 닭고기는 쫄깃하다. 또한 닭백숙은 찹쌀이나 쌀을 넣어 죽처럼 먹지만 싱가포르의 치킨라이스는 육수로 지은 밥 위에 닭고기를 얹어 덮밥처럼 먹는다. 그 중 티안티안의 치킨라이스는 매콤한 칠리소스를 곁들여 먹기 때문에 한국인들의 입맛을 사로잡는다. 명성대로 티안티안은 입구부터 대기줄이 꼬리를 물고 길게 이어진다. 당연하다는 듯 기다리는 사람들의 모습이 편해 보인다. 바로 맞은편 가게에서 주문한 과일주스와 함께 치킨라이스를 먹어본다. 닭고기는 젤리를 씹는 것처럼 쫄깃하다. 가슴살은 퍽퍽하다는 선입견을 말끔히 씻어준다. 밥은 고소하다. 날리는 동남아시아 쌀로 지은 밥치고는 윤기가 흐르며 찰진 맛이 난다. 티안티안의 특제 소스인 칠리소스를 곁들여본다. 매운 맛과 어우러진 치킨라이스 맛이 일품이다. 합리적인 가격에 음식을 먹을 수 있다는 것도 이 가게의 큰 장점이다. 싱가포르 치킨라이스의 1번지라는 곳에서 한국식 백숙을 먹고 나니 힘이 절로 솟는다. 이내 찾아든 먹구름 사이로 스콜이 내리친다. 호커 센터에서 바라보는 차이나타운의 모습이 더욱 운치 있어 보인다.

티안티안 하이난 치킨라이스
어떻게 가야 할까?

1. MRT 차이나타운 역에서 하차한다.

2. A 출구로 나가면 차이나타운 파고다 스트리트다.

3. 파고다 스트리트 마지막 지점에서 오른쪽 스리 마리암만 사원 쪽으로 직진한다.

4. 스미스 스트리트 이정표를 지난다.

5. 사고 스트리트(Sago Street) 이정표를 지나 직진하면 오른쪽에 불아사 용화원이 있다.

6 불아사 용화원에서 왼쪽 45도 방향을 보면 맥스웰 푸드 센터가 보인다. 푸드 센터 입구 중 중간지점으로 들어간다.

7 마지막까지 직진하면 왼편에 파란색 간판의 티안티안 하이난 치킨라이스가 있다.

 Tip 싱가포르 하이난 치킨라이스 베스트 5 매장

티안티안 하이난 치킨라이스

위남키(Wee Nam Kee) 하이난 치킨라이스
1989년에 오픈한 하이난 치킨라이스 전문점으로 스팀 치킨라이스와 로스트 치킨라이스를 판매한다.
가격대: S$4~6 **주소:** 101 Thomson Road, #01-08 United Square, Singapore 307591(노베나 역 근처) **전화번호:** 65-6255-1396

분통키(Boon Tong Kee)
1979년에 오픈한 총 7개의 지점을 운영하고 있으며 광둥 스타일 치킨라이스로 더 유명하다. 하이난 치킨라이스는 리버밸리점과 발레스티어(Balestier) 로드점에서 맛볼 수 있다.
가격대: S$10~15 **주소:** 425 River Valley Road, Singapore 248324(리버밸리점) **전화번호:** 65-6736-3213

로이키 베스트 치킨라이스(Loy Kee Best Chicken Rice)
1940년에 오픈했으며 하이난 치킨라이스는 1953년도부터 시작한 유서 깊은 치킨라이스 전문점이다. 모던한 디자인, 복고풍 의자 등 고풍스러운 인테리어로 유명하다.
가격대: S$7~14 **주소:** 342 Balestier Road, Singapore 329774 **전화번호:** 65-6252-2318

채터박스(Chatterbox)
하이난 치킨라이스 어워드에서 우승한 경력에 자부심을 가지는 치킨라이스 전문점으로 레스토랑 개념으로 확장해 고급화를 지향하는 곳이다. 고급화 지향 정책으로 다른 치킨라이스보다 가격대가 높다는 단점이 있다.
가격대: S$15~ **주소:** 333 Orchard Road, Singapore 238867(오차드 역 근처) **전화번호:** 65-6831-6288

진한 소고기 육수와 100년 전통의 면,

혹람비프
Hock Lam Beef

혹람비프는 1911년에 창업해 4대째 이어져온 소고기국수(Beef Kway Teow) 전문점이다. 이곳의 고기국수는 싱가포르의 각종 TV, 신문, 잡지 등에 소개가 될 정도로 유명하다. 13가지의 허브와 양념으로 우려낸 깊은 맛의 육수와 마늘과 허브를 넣어서 만든 수제 칠리소스가 인기의 비결이라고 한다. 혹람비프 가게를 지나다 보면 한방 삼계탕과 같은 냄새가 훅 하고 달려들지만 직접 먹어보면 비린내가 전혀 없는 시원한 맛이다.

혹람비프에서 고기국수를 주문할 때는 면 종류를 먼저 골라야 한다. 면 종류에는 넓적한 면(Teow), 평범한 면(Mee), 아주 가는 면(Bee Hoon)이 있다. 그다음으로 국물 혹은 비빔(Dry)을 선택한다. 국물과 함께 먹거나 소스에 비벼 먹을 수 있다. 마

지막으로 국수 위에 올라갈 토핑과 사이즈를 선택하면 된다. 더운 날씨에 국물국수를 먹기가 꺼려질 수도 있지만 먹고 나면 오히려 시원함을 느낄 수 있다. 비빔국수는 한국의 짜장면과 같은 모양이지만 땅콩가루가 듬뿍 올려져 있어 독특한 맛이 난다. 국물국수에 올려진 고기는 칠리소스에 찍어 먹으면 흑람비프 고기국수의 진가를 알 수 있다. 차이나타운의 100년 전통 흑람비프를 찾아 고기국수의 참맛을 즐겨보자.

이용 안내

◆ **영업시간**: 월~금 10:00~21:00, 토~일 11:00~17:00 ◆ **가격대**: S$6.5~ ◆ **주소**: 22 China Street #01-01 Far East Square(본점) ◆ **전화번호**: 65-6220-9290

📝 느낌 한마디

카페처럼 깨끗하게 리모델링을 해서인지 100년이 넘은 전통집이라고 하기에는 너무 깨끗하다. 기분 좋게 자리를 잡고 앉아 고기국수 한 그릇을 주문했다. 즉석에서 면을 삶는 듯 주방에서는 연신 하얀 김이 올라온다. 벽면에는 맛집임을 강조하듯 각종 미디어에 소개된 4대 사장인 티나 탄(Tina Tan) 씨의 사진이 있다. 조리되어 나온 고기국수는 제주도의 고기국수 같은 느낌이 나기도 하고 불고기 백반에 탱탱한 면발을 넣은 것 같기도 하다. 고기국수라 비린내를 걱정했지만 다행히 잡내는 하나도 없었다. 면발은 탱탱했는데, 퍼진 면을 좋아하는 사람들의 입맛에는 약간 덜 익은 느낌이 날 정도로 빠르게 삶아 낸 듯하다. 쫄깃한 면발과 함께 어우러진 육수가 한방탕 한 그릇을 먹는 듯 시원하다. 이열치열로 땀 한번 빼고 나니 온몸이 상쾌하다. 가게 밖을 나서니 삼삼오오 모여 있는 가게마다 전통의 맛이 풍겨온다.

흑람비프

어떻게 가야 할까?

① MRT 차이나타운 역에서 하차한다.

② 개찰구를 통과한다.

③ A 출구로 나가면 차이나타운 파고다 스트리트다.

④ 파고다 스트리트 마지막 지점은 사우스 브리지 로드와 교차된다. 파고다 스트리트 마지막 지점에서 왼쪽으로 직진해 두 블록 이동한 후 횡단보도를 건넌다.

⑤ 오른쪽 치나 스퀘어 센트럴(China Squre Central) 건물 쪽으로 횡단보도를 건넌다.

⑥ 왼쪽에 치나 스퀘어 센트럴 건물을 두고 직진한다.

⑦ 치나 스트리트가 보인다.

⑧ 치나 스트리트에서 왼쪽을 보면 노란색 건물이 보이며 노란색 건물 중간이 혹람비프다.

싱가포르식 보양 갈비탕,

송파 바쿠테

Songfa Bak Kut Teh

바쿠테는 싱가포르로 건너온 중국 복건성 출신의 중국인들이 만든 중국식 돼지갈비 탕이다. 복건성 사람들은 어릴 때부터 인삼, 녹용 등을 복용했는데, 이러한 약재들을 넣고 푹 끓인 육수에 부드러운 고기를 넣어 만든 바쿠테는 일종의 보양식이다. 말레 이시아로 이민을 간 중국인들이 부실한 식사를 보완하기 위해 값싼 돼지갈비를 이용 해 만든 요리가 싱가포르로 넘어오면서 싱가포르 국민 음식이 된 것이다. 주로 푹 고 아낸 돼지갈비 살코기는 오리고기로 만든 간장에 찍어 먹고, 마늘, 팔각, 회향 씨, 정 향, 시나몬, 허브 등의 양념을 넣고 푹 끓인 돼지갈비 국물에는 중국인들이 아침식 사로 즐겨먹는 요우티아오(油条; 밀가루를 길게 반죽해서 기름에 튀긴 것)를 넣어서 먹기 도 한다. 광동지방의 풍습대로 국물에 허브, 향신료를 넣어 마시기 좋게 한 것에서부

터 복건성 사람들 선호도에 맞춰 간장을 넣어 짭짤하게 먹는 바쿠테까지 그 요리법은 지금도 다양하게 진화하고 있다. 바쿠테는 밥이나 국수, 어느 것과도 잘 어울리는 음식이며 돼지갈비, 채소 절임, 마파 두부피가 같이 나오기 때문에 간식으로 먹을 수 있는 저렴하고 건강에 좋은 음식이다. 그래서인지 서민 음식이었던 바쿠테는 현재 고위 관리자, 싱가포르를 찾는 여행자, 국제적 유명 인사들에게도 사랑받는 싱가포르 전통 음식이 되었다.

바쿠테 요리 전문점인 송파 바쿠테는 1969년 조호르 길(Johor Road)에서 바쿠테를 팔던 여엉송(Yeo Eng Song)에 의해 시작되었으며, 싱가포르 대표 맛집 중 하나다. 클락 키에 오픈한 2개 점포를 비롯해 총 5개의 지점이 있으며 자카르타에도 지점을 두고 있다. 송파 바쿠테의 바쿠테 요리는 통마늘이 듬뿍 들어가 매콤하면서도 고소한 맛이 난다. 또한 잘게 썬 고추를 따로 준비해주기 때문에 입맛에 맞게 매운 정도를 조절해가며 먹을 수 있다. 메뉴는 작은 사이즈와 큰 사이즈가 있으며, 밥·빵·야채 등을 추가로 주문할 수 있고 국물은 계속 리필된다. 바쿠테 맛이 나는 인스턴트 국수, DIY 키트(수프 베이스 포함)라는 싱가포르 요리 기념품까지 등장할 정도로 인기가 높은 싱가포르 보양식 바쿠테로 다양한 음식문화를 느껴보자.

이용 안내

클락 키점 ◆ **영업시간:** 화~토 09:00~21:15, 일 8:30~21:15(월요일 휴무) ◆ **가격:** S$5.5~S$8.5, 밥 S$0.6, 야채 S$3.5~S$7.5, 음료 S$0.5~S$2 (작은 사이즈와 큰 사이즈의 고기는 2배 차이가 난다. 테이블에 마련된 물티슈는 유료이며 7%의 세금이 별도로 부과되니 참고하자.) ◆ **주소:** 11 New Bridge Road #01-01, Singapore 059383 ◆ **전화번호:** 65-6533-6128 ◆ **홈페이지:** www.songfa.com.sg

🗒 느낌 한마디

한국에 갈비탕이 있다면 싱가포르에는 바쿠테가 있다. 한국 갈비탕이 소갈비로 만든 것이라면 바쿠테는 돼지갈비로 만든 것이다. 점심시간이 한참이나 남았지만 야외 테이블은 이미 예약이 완료되었다. 어렵게 자리를 잡고 바쿠테를 작은 사이즈로 주문했다. 고기를 푹 삶은 탓에 간도 적당히 배어 있어 입맛을 돋우었다. 입에 가져가기가 무섭게 뼈에 붙은 고기들이 부드럽게 옷을 벗었다. 힘들여 갈비를 뜯을 필요가 없었다. 고기는 부드러웠고 후추가 들어간 국물은 매콤했다. 바쿠테 육수가 바닥을 보이자 직원이 계속해서 리필을 해주어 밥과 함께 든든히 먹을 수 있었다. 며칠 동안 땀을 흘리며 여행하느라 쇠진된 기력이 보양식 바쿠테 한 그릇으로 회복되는 듯하다.

송파 바쿠테

어떻게 가야 할까?

① MRT 클락 키 역에서 하차한다.

② 개찰구를 통과한 후 E 출구 방향으로 이동한다.

③ E 출구를 통해 지상으로 이동한다.

④ 지상 출구에서 왼쪽을 보면 길 건너 송파 바쿠테 간판이 보인다.

⑤ 육교를 건너 송파 바쿠테로 이동한다.

싱가포르를 대표하는 음식 브랜드,
야쿤 카야 토스트
Yakun Kaya Toast

1944년에 로이 아 쿤(Loi Ah Koon)이 설립한 야쿤 카야 토스트는 1940년대 음식문화의 대표주자이며 싱가포르 전통방식을 고집하는 토스트 전문점이다. 수십 년 동안작은 가게로 운영되다가 1999년 막내아들이 사업을 계승하면서 빠르게 성장했다.사람중심 경영이라는 기업이념에 따라 싱가포르의 전통적인 브랜드이자 문화적 아이콘이 되었으며, 현재 50여 개의 싱가포르 분점을 비롯해 8개국(콜롬비아 · 중국 · 인도네시아 · 일본 · 한국 · 타이완 · 필리핀 · 미얀마)에 프렌차이즈 매장을 두고 있다.

카야 토스트는 바삭하게 구운 식빵에 싱가포르 전통잼인 카야잼과 버터를 발라 반숙으로 익힌 달걀에 찍어먹는 싱가포르식 아침식사다. 현재 국내에서도 싱가포르 전통 카야 토스트를 맛볼 수 있을 정도로 인기 있는 토스트다. 싱가포르 현지인들은 토

스트와 달걀 반숙에 은은한 커피를 함께 즐겨 마시기도 한다. 야쿤 카야 토스트의 오래된 본점을 찾아 카야 토스트의 정석을 맛보자.

이용 안내

◆ **영업시간:** 월~금 7:30~19:00, 토 7:30~16:30, 일 8:30~15:00 (공휴일 휴무) ◆ **가격:** 카야 토스트 S$2~, 아이스커피 S$2.6~ (TAX&SC 17%) ◆ **주소:** 18 China Street #01-01, Singapore 049560 ◆ **전화번호:** 65-6438-3638 ◆ **홈페이지:** www.yakun.com

📋 느낌 한마디

한국에서도 이미 성업중인 야쿤 카야 토스트다. 마음만 먹으면 한국에서도 야쿤의 맛을 즐길 수 있지만 싱가포르를 여행중이니 본점에서 토스트를 즐겨본다. 실내로 자리를 옮기자 명성에 걸맞게 싱가포르 특유의 왁자지껄함이 전해져온다. 간장소스와 함께 맛본 반숙 계란은 어린 시절 참기름을 넣어 먹었던 반숙 계란의 향수를 불러일으킨다. 살짝 구워져 나온 토스트를 한입 베어본다. 토스트의 바삭함, 카야잼의 달달함, 버터의 짭조름한 맛이 조화를 이루며 최고의 맛을 전해준다. 특히 연유커피는 토스트와 절묘한 조화를 이루며 맛에 풍미를 더한다. 한 끼 식사로도 손색없는 야쿤 카야 토스트! 오늘 하루 싱가포르 맛집 정복에 나서보자.

야쿤 카야 토스트

어떻게 가야 할까?

① MRT 차이나타운 역에서 하차한다.

② 개찰구를 통과한다.

③ A 출구로 나가면 차이나타운 파고다 스트리트다.

④ 파고다 스트리트 마지막 지점은 사우스 브리지 로드와 교차된다. 파고다 스트리트 마지막 지점에서 왼쪽으로 직진해 두 블록 이동 후 횡단보도를 건넌다.

⑤ 오른쪽 치나 스퀘어 센트럴 건물 쪽으로 횡단보도를 건넌다.

(6) 왼쪽에 치나 스퀘어 센트럴 건물을 두고 직진한다.

(7) 치나 스트리트가 보인다.

(8) 치나 스트리트에서 왼쪽 45도로 보면 노란색 건물이 보이며 노란색 건물 제일 마지막 집이 야쿤 카야 토스트다.

Tip 카야잼

카야잼은 무전분, 무방부제, 무색조를 기본으로 일체의 화학 첨가물이 들어가지 않은 신선함을 기본으로 한다. 싱가포르 카야잼의 1위 업체는 '퐁잇(Fong Yit)'사로 싱가포르 인증위원회로부터 가장 안전한 먹거리로 인증을 받았다. 한국에서도 퐁잇사의 카야잼이 출시되어 구입이 가능하지만, 여전히 싱가포르를 방문하면 현지에서 선물로 구입해야 할 쇼핑리스트 중 하나로 손꼽힌다.

차이나타운의 망고빙수,
미향원(메이홍윤 디저트)

Mei Heong Yuen Dessert

홍콩에 허유산, 대만에 삼형제 빙수가 있다면 싱가포르에는 미향원이 있다. 10여 년의 역사를 가진 미향원은 차이나타운과 오차드 로드, 321 클레멘티에서 만나볼 수 있는 유명 디저트 전문점이다. 메뉴는 망고빙수, 녹차빙수를 비롯한 갖가지 토핑의 스노우 아이스(Snow Ice)와 견과류가 들어간 건강 죽, 케이크 등이 있다. 곱게 간 얼음에 망고, 녹차, 팥 등의 토핑을 선택하면 된다. 모든 디저트가 맛과 향이 좋지만 망고빙수와 말레이시아의 디저트 첸돌(Chendol)이 가장 인기가 좋다. 메뉴판은 사진으로 되어 있기 때문에 형태를 확인할 수 있어 주문이 어렵지 않다. 좌석을 맡은 후 주문할 때 테이블 번호를 이야기하면 된다. 한국에도 이미 설빙의 눈꽃빙수가 있어 미향원의 빙수가 색다르지 않을 수는 있지만, 싱가포르의 대표 맛집 미향원의 빙수를

맛보고 우리네 빙수와 비교해보는 것도 여행의 묘미가 아닐까 한다. 무더운 더위를 피해 미향원에서 달콤한 휴식을 가져보자.

─────

이용 안내

◆ **영업시간:** 12:00~21:30(월요일 휴무) ◆ **가격:** S$5~6 ◆ **주소:** 63-67 Temple Street, Singapore 058611 ◆ **전화번호:** 65-6221-1156 ◆ **홈페이지:** www.meiheongyuendessert.com.sg

━━━━━━━━━━━━━━━━━━━━━━━━

📝 느낌 한마디

싱가포르를 방문하는 한국 여행자들의 필수코스가 되어서일까? 미향원에 들어서니 한국어 안내문이 보인다. 가장 인기가 좋다는 망고빙수를 주문했다. 눈처럼 부드럽게 갈려진 망고 얼음 위에 뿌려진 망고 시럽은 입안을 살살 녹이는 달콤함이 있었다. 특히 뽀드득 씹히는 얼음의 차가운 맛은 더운 싱가포르 여행의 청량제가 되어주었다. 망고빙수에 더해 말레이시아의 디저트 첸돌도 인기 메뉴라고 한다. 동반 여행자가 있다면 망고빙수, 첸돌빙수를 같이 주문해보는 것도 좋을 듯하다. 시원한 빙수 한 그릇으로 더위가 주는 갈증을 해소하고, 다시 멋들어진 차이나타운 거리를 활보한다.

미향원

어떻게 가야 할까?

① MRT 차이나타운 역에서 하차한다.

② A 출구로 나가면 차이나타운 파고다 스트리트다.

③ 오른쪽으로 유턴하면 골목길이 나온다.

④ 직진하다 맥도날드 이정표가 보이면 왼쪽 골목길로 들어간다.

⑤ 직진하면 미향원이 보인다.

현지인들에게 더 유명한 돼지고기 육포 전문점,
림지관
Lim Chee Guan

육포는 중국인들의 싱가포르 이주와 함께 육포의 보존 기술, 바비큐 향이 묻어나는 제조 방법, 숯불구이법 등이 같이 넘어오면서 싱가포르의 대표적인 길거리 음식이 되었다. 차이나타운에는 오랜 전통을 유지해온 대표적인 육포 판매점이 2곳 있는데, 비첸향(Bee Cheng Hiang)과 림지관이 쌍두마차로 정상 자리를 유지하고 있다. 1938년에 오픈한 림지관은 70여 년의 역사를 가진 육포 전문점으로 소고기 · 돼지고기 · 닭고기 · 타조고기 등으로 만든 육포에서부터 새우 · 생선으로 만든 육포까지 그 종류가 다양하며, 특히 돼지고기 육포로 유명하다. 신선한 농산물을 섭취한 천연 고기로 만들기 때문에 육포 역시 신선하며, 서양식 육포처럼 딱딱하거나 질기지 않고 쫀득쫀득하며 부드러운 맛이 특징이다. 한국에 이미 비첸향이 들어와 있으니 싱가포르

에서는 현지인들이 더 많이 찾는 림지관을 방문해보자. 시식을 한 후 300g부터 육포 구입이 가능하지만 다양한 종류의 맛을 원하는 미식가를 위해 섞어서 팔기도 한다. 무방부제를 강조하는 신선한 싱가포르 육포와 사랑에 빠져보자.

이용 안내

◆ **영업시간:** 09:00~22:00 ◆ **가격:** 돼지고기 육포 300g S\$12.6~ ◆ **주소:** #01-203, 203 New Bridge Road, Singapore 059429 ◆ **전화번호:** 65-6227-8302 ◆ **홈페이지:** www.limcheeguan.com.sg

> **Tip** 육포는 원칙적으로 한국 반입 금지 품목이다. 한국에도 비첸향 육포점이 있으니 림지관 육포는 현지에서 맛보는 것으로 만족하자. 시험 삼아 반입을 시도하는 어리석음으로 마음 졸이지 말자.

느낌 한마디

한국에 비첸향 육포가 있다면 싱가포르에는 현지인들이 즐겨 찾는 림지관 육포가 있다. 비첸향의 입점으로 싱가포르식 육포의 희소성과 가치가 퇴색된 것이 사실이지만 림지관 육포는 육포 고유의 맛이 살아 있어 그 나름대로 매력적이다. 특히 부드럽고 진한 맛을 자랑하는데 먹다 보면 달콤함까지 느낄 수 있다. 대부분의 한국 육포가 질기다면 림지관 육포는 부드러워 남녀노소 누구나 즐길 수 있다. 차이나타운 역에서 내려 림지관으로 이동하다 보면 멀리까지 풍겨오는 육포 향에 쉽게 자리를 떠나지 못한다. 싱가포르 인들의 간식거리 림지관 육포를 맥주 안주로 구입해본다.

림지관
어떻게 가야 할까?

① MRT 차이나타운 역에서 하차한다.

② A 출구로 나가면 차이나타운 파고다 스트리트다.

③ 출구에서 왼쪽으로 유턴한다.

④ 끝 지점 오른쪽에 주황색 육포집이 보인다.

⑤ 오른쪽 2번째 집이 림지관이다.

부드러운 맛이 일품인 에그타르트 전문점,
통흥

Tong Heng

통흥은 1930년대에 스미스 스트리트 33호에 세워진 후 그 맛과 품질을 4세대에 걸쳐 유지해온 에그타르트 전문점이다. 최고 재료만을 고집해 손수 구운 수제 파이는 부드러운 전통의 맛을 보장한다. 80년 이상의 경험으로 만든 통흥의 에그타르트와 문케이크(Mooncakes), 다양한 과자는 식사 대용으로도 좋은 싱가포르의 대표 간식거리다. 특히 다이아몬드 모양의 에그타르트는 저녁시간이 되면 없어서 못 팔 정도로 인기가 높다. 코코넛 맛 에그타르트와 함께 비비큐 폭스 크럼프(BBQ Pork Crump) 빵도 이 집의 추천 메뉴다. 차이나타운에 들러 열정과 마음이 가득 담긴 통흥의 수제 전통 중국 파이를 즐겨보자.

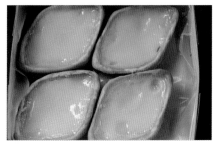

이용 안내

◆ **영업시간:** 09:00~22:00 ◆ **가격:** S$1.4~ ◆ **주소:** 285 South Bridge Road, Singapore 058833 ◆ **전화번호:** 65-6223-3649

느낌 한마디

작은 가게에 손님들의 발길이 끊이지 않는다. 세트로 에그타르트 4개를 주문한 뒤 바깥에 마련된 간이 테이블에서 시장기를 달래본다. 잘 구워진 쿠키를 먹는 듯 겉은 바삭하고 내부의 달걀 필링은 부드러웠다. 바삭함과 부드러움이 절묘하게 조화를 이루며 독특한 맛을 자아냈다. 특히 적당한 달콤함이 여행의 피로를 말끔히 씻어주었다. 커피와 함께 먹는다면 더욱더 풍부한 맛을 느낄 수 있을 것 같았다. 싱가포르 최고의 간식거리라 해도 손색이 없다. 차이나타운에 갔다면 꼭 한 번 들러보자.

통흥
어떻게 가야 할까?

(1) MRT 차이나타운 역에서 하차한다.

(2) A 출구로 나가면 차이나타운 파고다 스트리트다.

(3) 파고다 스트리트 마지막 지점에서 오른쪽 스리 마리암만 사원 쪽으로 직진한다.

(4) 템플 스트리트 이정표를 지나 스미스 스트리트 이정표까지 직진한다.

(5) 스미스 스트리트 입구에서 왼쪽 45도 방향을 보면 통흥이 보인다.

셋째 날,

평화와 고요 속 작은 놀이 왕국,

센토사

유니버설 스튜디오

▼

팔라완 비치

▼

센토사 루지

▼

윙즈 오브 타임

여행은 늘 선택의 연속이다. 여행을 하다 보면 특별한 놀이기구를 타고 싶을 때도 있고, 한적한 해변을 거닐며 혼자만의 시간을 즐기고 싶을 때도 있다. 싱가포르 여행 셋째 날, 센토사에서 특별한 선택을 즐겨보자. 싱가포르에는 60여 개의 섬들이 있다. 그 중 3번째로 큰 섬인 센토사는 한국의 여의도보다 작은 섬이지만, 대규모 관광단지가 조성되어 있어 심심할 틈이 없는 여행지다. 특히 2010년에 개장한 유니버설 스튜디오로 더 많은 볼거리가 여행자들을 기다리고 있다. 오늘은 여행의 설렘을 충분히 만끽할 수 있는 센토사로 떠나보자.

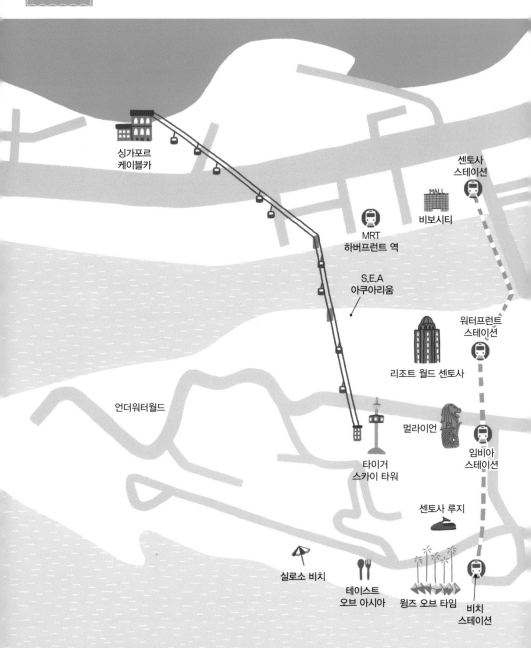

싱가포르
케이블카

MRT
하버프런트 역

비보시티

센토사
스테이션

S.E.A
아쿠아리움

워터프런트
스테이션

리조트 월드 센토사

언더워터월드

멀라이언

임비아
스테이션

타이거
스카이 타워

센토사 루지

실로소 비치

테이스트
오브 아시아

윙즈 오브 타임

비치
스테이션

유니버설
스튜디오

탄종 골프 코스

소 스파

팔라완 비치

탄종 비치

싱가포르 속 파라다이스,
센토사에 대한 거의 모든 것

1. 센토사 섬은?

싱가포르 60여 개의 섬들 중 3번째로 큰 섬인 센토사(Sentosa)는 동서 길이 4km, 남북 길이 1.5km로 한국의 여의도보다 작은 섬이다. 1967년까지 영국의 군사기지로 사용되다가 1972년 정부 주도하에 대규모 관광단지가 조성되어 현재 싱가포르의 글로벌 휴양지로 자리매김했다.

　싱가포르 남쪽에 위치한 센토사는 말레이어로 '평화와 고요함'을 뜻하며, 아쿠아리움과 유니버설 스튜디오를 포함한 리조트 월드 센토사와 동양 최대의 해양 수족관인 언더워터월드, 음악 분수, 어린이들을 위한 판타지 아일랜드, 흰 모래사장이 펼쳐진 해변 등 풍부한 휴양시설을 갖추고 있다. 또한 각종 해양스포츠 시설도 마련되어 있어 센토사는 작은 놀이 왕국이자 테마파크다. 싱가포르 본섬에서 남쪽으로 800여m 떨어져 있으며 이동시간은 15분 정도 소요된다.

홈페이지: www.sentosa.com

2. 센토사 플레이 패스

센토사 플레이 패스는 티켓 한 장으로 센토사 내 다양한 어트랙션(명소)을 즐길 수 있는 자유이용권이다. 최대 60%까지 비용을 절약할 수 있으며, 매번 표를 구매하기 위해 길게 줄을 서서 기다릴 필요가 없다. 플레이 패스의 종류는 다음과 같다(프로모션에 따라 각 패스의 세부 사항은 변동될 수 있다. 아래 패스는 2015년 8월 기준).

데이 펀 패스 플레이 20(DAY FUN Pass Play 20)

20개의 어트랙션을 하루 종일 이용할 수 있다. 최대 70%까지 비용을 절약할 수 있다. 하루 동안 바쁘게 어트랙션을 이용하고자 하는 여행객에게 추천한다.

이용시간: 09:00~

요금: 성인 S$79, 아동 S$69

데이 펀 패스 플레이 5(DAY FUN Pass Play 5)

20개의 어트랙션 중 5개를 선택할 수 있다. 최대 50%까지 비용을 절약할 수 있다.

이용시간: 09:00~

요금: 성인 S$59, 아동 S$49

데이 펀 패스 플레이 3(DAY FUN Pass Play 3)

20개의 어트랙션 중 3개를 선택할 수 있다. 최대 40%까지 비용을 절약할 수 있다.

이용시간: 09:00~

요금: 성인 S$44, 아동 S$39

2데이 펀 패스(2-DAY FUN Pass)

데이 펀 플레이 패스 20과 유니버설 스튜디오 티켓을 결합한 것이다. 최대 60%까지 비용을 절약할 수 있다.

이용시간: 첫날 09:00~, 둘째 날(유니버설 스튜디오) 10:00~

요금: 성인 S$139, 아동 S$99

2일 동안 3개 또는 4개의 어트랙션을 이용할 수 있다. 최대 30%까지 비용을 절약할 수 있다.

이용시간: 09:00~

요금: 3개 이용시 성인 S$79, 아동 S$69, 4개 이용시 성인 S$99, 아동 S$89

3. 관광 코스

센토사 섬의 관광 코스는 크게 2영역으로 나뉜다. 리조트 월드 센토사(S.E.A 아쿠아리움와 어드벤처 코브 워터파크 등)와 그 외의 다양한 어트랙션(멀라이언 타워, 언더워터월드, 돌핀 라군, 센토사 루지, 윙즈 오브 더 타임, 팔라완 비치 등)이다. 이 모두를 하루에 다 관광하는 것은 사실상 불가능하다. 여행자들의 취향에 맞게 취사선택을 해야 한다. 센토사 섬을 알차게 여행하기 위한 추천 관광 코스는 다음과 같다.

① 오전(유니버설 스튜디오)+오후(센토사 루지+팔라완 비치)+저녁(윙즈 오브 타임)

② 오전(유니버설 스튜디오)+오후(멀라이언 타워+팔라완 비치)

③ 종일(S.E.A 아쿠아리움+유니버설 스튜디오)

④ 다양한 어트랙션으로만 하루 즐기기(멀라이언 타워+언더워터월드와 돌핀 라군+센토사 루지+팔라완 비치+윙즈 오브 타임)

4. 싱가포르 본섬에서 센토사 섬으로 이동하는 교통수단

센토사 익스프레스(모노레일)

싱가포르 본섬에서 센토사 섬으로 들어가기 위해 여행자들이 가장 많이 이용하는 교통수단이다.

운행시간: 07:00~24:00

요금: S$4(1일 무제한, 이지링크 카드 사용 가능)

노선: 센토사 스테이션-워터프런트 스테이션-임비아 스테이션-비치 스테이션

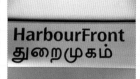 >  >  >

① MRT 하버프런트 역에서 내린다.　② 개찰구를 통과한다.　③ 통과 후 E 출구로 이동한다.

 >  >

④ 비보시티(Vivo City) 3층(L3)에 위치한 센토사 익스프레스 탑승장으로 이동한다.　⑤ 매표소에서 센토사 익스프레스 티켓을 구매한다(이지링크 카드가 있다면 별도의 티켓 구매 없이 이지링크 카드로 이용이 가능하다).　⑥ 익스프레스에 탑승한다.

Tip1 센토사 익스프레스 출발지인 비보시티 3층에는 다양한 음식을 판매하는 푸드코트가 있다. 센토사로 출발하기 전 아침식사를 하거나 센토사를 구경한 후 저녁식사를 즐길 수 있다.

Tip2 센토사 익스프레스 4개 스테이션 주변 볼거리
센토사 스테이션: 비보시티
워터프런트 스테이션: 리조트 월드 센토사 및 유니버설 스튜디오
임비아 스테이션: 멀라이언 타워, 타이거 스카이타워, 센토사 루지, 이미지 오브 싱가포르
비치 스테이션: 실로소 비치, 루지를 위한 스카이 라이드, 윙즈 오브 타임

케이블카

15층 높이의 케이블카를 타고 센토사 섬으로 이동하는 교통수단으로, 1.8km 구간을 이동하는 동안 싱가포르 항구와 센토사의 전경, 주변 경치를 한눈에 담을 수 있다. 케이블카에는 한국어 음성 가이드 서비스가 제공된다.

운행시간: 08:45~22:00

요금: 페이버+센토사 구매시 (왕복) 성인 S$29, 아동 S$18, (무제한) 성인 S$39, 아동 S$29, 센토사 라인 구매시 (왕복) 성인 S$13, 아동 S$8, (무제한) 성인 S$23, 아동 S$18

케이블카 이동노선: 마운트 페이버(Mount Faber)↔하버프런트 타워 2(케이블카 타워)↔센토사

홈페이지: www.faberpeaksingapore.com/singapore-cable-car/sky-network

Tip 케이블카 노선 종류

페이버 라인 노선(센토사 섬을 가기 위한 라인): 노선은 '마운트 페이버-하버프런트 타워 2-센토사(임비아 스테이션)'다. 임비아 스테이션에 도착하면 센토사 멀라이언 및 타이거 스카이 타워가 있다.

센토사 라인 노선(센토사 섬 내에서 이동시): 노선은 '멀라이언-임비아 룩아웃-실로소 포인트'다. 케이블카를 타고 센토사 섬으로 들어가기 위해서는 '페이버+센토사' 라인을 구매해야 한다. 페이버 라인은 현재 단독으로 거래되지 않는다. 센토사 내에서만 케이블카를 타고 싶으면 센토사 라인만 구입해도 되니 참고하자.

｜케이블카 이용방법｜

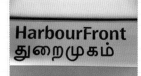  

① MRT 하버프런트 역에서 내린다.

② 개찰구를 통과한 후 하버프런트 방향 B 출구로 이동한다.

③ 출구 정면 에스컬레이터를 타고 위층으로 이동한다.

④ 케이블카 이정표를 따라 하버프런트 타워 2로 이동한다.

⑤ 1층 월드 트레이드 센터(World Trade Centre)에서 표를 구입한 후 케이블카 타워(15층)로 이동해 탑승한다.

센토사 보드워크

센토사 보드워크는 싱가포르 본토와 센토사 섬을 연결하는 700m 길이의 보행자 전용도로다. 비보시티 1층 이스트 코트(EAST COURT)로 나가면 보드워크가 나온다. 아름다운 항구 전경을 감상하며 센토사까지 걸어갈 수 있지만 싱가포르의 찌는 듯한 더위를 감안해야 한다. 요금(센토사 섬 입장료)은 S$1다.

센토사 보드워크 이용방법

① MRT 하버프런트 역에서 내린다.

② 개찰구를 통과한 후 E 출구로 이동한다.

③ 비보시티 1층(L1) 보드워크 이정표를 따라 이동한다.

④ 이정표를 따라 이동하면 보드워크 시작점 표지가 나온다.

⑤ 보드워크 시작점인 항구다.

센토사행 버스

운행시간: 일~목 07:00~24:00, 금~토 07:00~24:30

요금: S$3 (셔틀버스비 S$1, 섬 입장료 S$2)

센토사행 버스 이용방법

① MRT 하버프런트 역에서 내린다.

② 개찰구를 통과한 후 하버프런트 방향 B 출구로 이동한다.

③ 출구로 나가면 오른쪽에 육교가 있다.

④ 육교를 건너면 왼쪽으로 버스터미널이 보인다.

⑤ 센토사행 버스에 탑승한다.

버스를 타고 센토사 섬에서 본섬으로 나올 때는 방문자 도착센터(Visitor Arrival Centre)에서 타면 된다.

택시

택시를 이용하더라도 섬 입장료 S$2를 내야 한다. 다만 센토사 섬 내에서 호텔 투숙을 한다거나 호텔 바우처가 있는 경우에는 섬 입장이 무료다.

센토사 라이더

센토사 라이더는 싱가포르의 주요 명소인 마리나 베이, 오차드 로드, 차이나타운 등에서 탑승해 이동하는 셔틀서비스다. 요금은 S$5다.

5. 센토사 섬 내에서의 교통수단

섬 안의 모든 교통수단(버스+트램)은 택시를 제외하곤 무료다.

센토사 익스프레스(모노레일)

여행자들이 가장 많이 이용하는 교통수단이며, 주요 노선은 '센토사 스테이션-워터프런트 스테이션-임비아 스테이션-비치 스테이션'이다. 각각의 스테이션마다 볼거리들이 모여 있어 센토사 섬 구석구석을 구경하기에 좋다.

비치트램

비치 스테이션 앞에 정류장이 있으며 비치트램으로 모든 해변(실로소 비치, 팔라완 비치, 탄종 비치)을 돌아볼 수 있다.

운행시간: 일~금 09:00~22:30, 토 09:00~24:00, 10분 간격

노선: 실로소 포인트-코스타 샌즈 리조트-실로소 비치 리조트-실로소 비치-비치 스테이션-포트

오브 로스트 원더–애니멀 앤 버드 인카운터–서던모스트 포인트–팔라완 비치–더 센토사 리조트
앤 스파–탄종 비치

버스

센토사 섬 내의 버스는 모두 무료이며 3개의 노선
이 있다. 버스는 한쪽 방향으로만 이동하니 염두에
두자. 버스는 모두 주황색이며 앞 유리창에 BUS1,
BUS2, BUS3이라고 표시되어 있다. 출발지 정류
장은 센토사 익스프레스 비치 스테이션에 있다.

동남아 최초의 영화 테마파크,
유니버설 스튜디오 싱가포르
Universal Studios Singapore

2010년 3월 세계에서 5번째, 아시아에서는 2번째, 동남아시아에서는 최초로 오픈한 유니버설 스튜디오 싱가포르는 싱가포르의 인기 명소로 센토사 섬에 있다. 가장 최근에 오픈한 유니버설 스튜디오 싱가포르는 전 세계 유니버설 스튜디오의 인기 어트랙션만 골라 영화(애니메이션)를 주제로 총 7개의 테마존에, 24개의 어트랙션으로 설계되었다. 애니메이션 〈마다가스카(Madagascar)〉를 테마로 한 '마다가스카', 〈슈렉〉에 등장하는 성을 본떠 만든 '아주 먼 왕국(Far Far Away Castel)', 블록버스터 영화인 〈워터월드〉와 〈쥬라기 공원〉을 배경으로 한 '잃어버린 세계(The Lost World)' 등이 7개의 테마존에 속한다. 24개의 어트랙션 중 18개는 오직 유니버설 스튜디오 싱가포르만을 위해 설계되었다.

유니버설 스튜디오 싱가포르에서 꼭 경험해봐야 할 필수 어트랙션에는 애니메이션을 테마로 한 마다가스카, 슈렉 4D 어드벤처(Shrek 4D Adventure), 미라의 복수(Revenge of the Mummy), 쥬라기 공원 래피드 어드벤처(Jurassic Park Rapids Adventure)의 최첨단 놀이기구가 있다. 또한 3D 디지털 미디어와 최첨단 시각효과를 이용한 놀이기구도 놓치지 말자. 그 중 '오토봇 EVAC'와 악의 무리 디셉티콘의 치열한 전투를 생생하게 경험할 수 있는 세계 최초의 3D 배틀 '트랜스포머 더 라이드'는 여행객들 사이에서 이미 명성이 자자한 놀이기구다. 스릴 넘치는 놀이기구를 원한다면 세계에서 가장 긴 듀얼링 롤러코스터 '배틀스타 갤럭티카(Battlestar Galactica)'를 이용해보자. 이는 서서 타거나 앉아서 탈 수 있는 2가지 유형의 롤러코스터로 시원하면서도 짜릿한 스릴을 느낄 수 있다. 더불어 영화 속 등장인물로 특수 분장한 직원들과의 사진촬영도 빼놓을 수 없는 즐길 거리다. 테마파크 유니버설 스튜디오 싱가포르를 방문해 매혹적인 영화의 세계에 빠져보자.

> **Tip.** 일부 놀이기구는 물에 젖기도 하니 여벌옷을 준비하는 것이 좋으며, 생수 정도는 미리 챙겨가자. 유니버설 스튜디오 안의 물가는 생각보다 더 비싸다.

> **Tip** 유니버설 익스프레스(Universal Express)
>
> 줄 서서 기다릴 필요 없이 별도의 통로로 이동해 빠르게 탑승할 수 있는 어트랙션 우선탑승권으로, 입장권
> 이외에 별도로 구입해야 한다.
>
> **1회 한정 우선 탑승권:** S$30~(기간에 따라 가격 상이) **무제한 탑승권:** S$50~

이용 안내

◆ **운영시간:** 10:00~21:00(티켓판매 09:00~21:00) ◆ **요금:** 1일 패스 성인 S$74, 아동 S$54, 연장자(65세 이상) S$36, 2일 패스 성인 S$118, 아동 S$88, 연장자(65세 이상) S$58 ◆ **티켓 구입처:** 온라인 예약 구매(예약확인증을 출력한 뒤 현장에서 패스로 교환한다), 현지여행사(차이나타운 피플스 파크 씨 윌 트래블에서 할인된 가격에 구입할 수 있다), ◆ **주소:** Universal Studios Singapore, 8 Sentosa Gateway, Singapore 098269 ◆ **전화번호:** 65-6577-8888 ◆ **홈페이지:** www.rwsentosa.com/Attractions/UniversalStudiosSingapore

---

📝 느낌 한마디

유니버설 스튜디오의 이정표이자 상징물인 지구본 주위에는 사람들로 물결을 이룬다. 여행객들은 추억이 가득 담긴 사진을 남기기 위해 다양한 포즈들을 취해보지만 많은 인파로 특색 있는 사진을 남기기란 여간 쉬운 일이 아니다. 입구부터 들려오는 장엄한 영화 OST가 신비한 테마파크의 세계로 나를 초대한다. 영화 속 주인공이 된 듯하다. 세트장마다 사람들이 모여 있어 구경하는 발걸음은 한없이 더디다. 사진 한 장이라도 더 남기려는 듯 카메라 셔터 소리는 멈추지 않는다. 할리우드 존을 지나 마다가스카 존으로 가니 동심의 세계로 빠져든다. 슈렉 코너에서는 들썩이는 의자의 역동감과 함께 마차에 올라타보기도 하고 물세례도 맞아본다. 전 세계 유일의 3D 입체 어트랙션인 트랜스포머 더 라이드에서는 손에 땀이 날 정도의 박진감을 느껴본다. 오늘 하루 유니버설 스튜디오 싱가포르에서 동심의 세계로 돌아가 보니 작은 것 하나에도 감동하고 놀라는 아들 생각이 난다. 아들과 같이 왔다면 이곳을 나가지 못했을 것 같다.

유니버설 스튜디오 싱가포르

어떻게 가야 할까?

▶ 센토사 익스프레스(모노레일) 이용시

① MRT 하버프런트 역에서 내린다(센토사의 출발점은
MRT 하버프런트 역이다).

② 개찰구로 나간 다음 E 출구로 이동한다.

③ 비보시티 3층(L3)에 위치한 센토사 익스프레스(모
노레일) 탑승장으로 이동한다.

④ 센토사 익스프레스에 탑승한다(센토사 익스프레스는
이지링크 카드로도 탑승이 가능하다).

⑤ 워터프런트 스테이션에서 하차한다.

⑥ 출구로 나와 모형 멀라이언이 보일 때까지 직진한다.

⑦ 모형 멀라이언이 보인다.

⑧ 모형 멀라이언에서 오른쪽 유니버설 스튜디오 방향으로 직진하면 유니버설 스튜디오 지구본이 나온다.

Tip. 유니버설 스튜디오 싱가포르 정문으로 나와 직진하면 S.E.A 아쿠아리움이 있다. S.E.A 아쿠아리움에서는 전 세계 50여 곳의 서식지에서 온 희귀 생물 10만여 마리를 감상할 수 있으며, 상어·만타가오리·돌고래 등 800여 종의 해양 생물들을 감상할 수 있는 대형 수족관이 있다.
입장료: 성인 S$32 홈페이지: www.rwsentosa.com

① MRT 하버프런트 역에서 하차한다.

② 개찰구를 통과한 후 E 출구로 이동한다.

③ 비보시티 1층(L1)에서 바깥으로 나간다.

④ 직진하면 RWS 8 버스정류장이 있다.

⑤ RWS 8 버스가 오면 탑승한다.

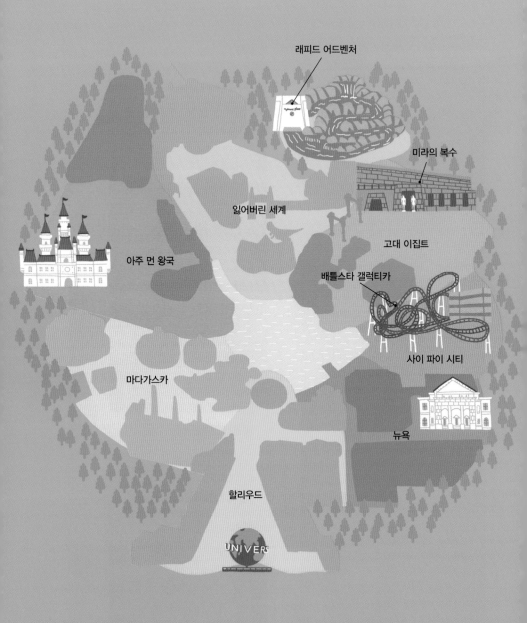

래피드 어드벤처

미라의 복수

잃어버린 세계

고대 이집트

아주 먼 왕국

배틀스타 갤럭티카

사이 파이 시티

마다가스카

뉴욕

할리우드

UNIVERS

유니버설 스튜디오 싱가포르

어떻게 즐겨볼까?

할리우드

1950년대 브로드웨이 거리를 재현한 곳으로 '몬스터락 쇼'와 할리우드의 명소 '워크 오브 페임'을 만날 수 있는 테마파크다. 레스토랑과 유니버설 스튜디오를 비롯한 다양한 쇼핑 스토어가 즐비하며, 특수 분장을 한 마릴린 먼로와의 사진 촬영 등 특별한 이벤트도 마련되어 있다. 판타지 할리우드 극장(Pantages Hollywood Theater)에서는 다양한 이벤트와 뮤지컬이 열린다.

마다가스카: 크레이트 어드벤처(Crate Adventure)

드림웍스의 애니메이션 〈마다가스카〉를 테마로 한 '마다가스카: 크레이트 어드벤처'는 애니메이션과 영상이 결합된 어트랙션이다. 뉴욕 동물원을 벗어나 모험을 즐기는 주인공들을 만날 수 있으며, 포토존에는 주인공 캐릭터들이 세워져 있다. 입구에는 레스토랑도 입점해 있다.

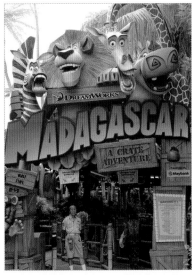

아주 먼 왕국

애니메이션 〈슈렉〉을 테마로 한 존으로 아시아 최초이자 최고의 규모를 자랑한다. 주인공 슈렉과 피오나 공주를 만날 수 있는 곳으로 영화 속 슈렉의 늪지대 집도 구경할 수 있다. 인기 캐릭터들이 총출동하는 4D 어드벤처도 즐겨보자. 4D 어드벤처는 남녀노소 모두에게 인기가 있다.

잃어버린 세계

유니버설 스튜디오의 하이라이트 존으로 스티븐 스필버그 감독의 영화 〈쥬라기 공원〉 테마존과 영화 〈워터월드〉 테마존으로 나누어져 있다. 쥬라기 공원의 '쥬라기 파크 래피드 어드벤처'는 후룸라이드와 인디아나 존스의 결합 형태이며 래프트는 360도 회전이 가능하다. 워터월드에서는 1일 2회 바다를 배경으로 악당에게서 여인을 구하는 스토리의 워터 쇼 공연이 진행된다.

> **Tip** 쥬라기 파크 래피드 어드벤처 이용 시 반드시 우비나 여분의 옷이 필요하다. 워터월드 워터 쇼 관람시에도 앞자리는 물벼락을 맞을 수 있으므로 중간자리에 앉는 것이 좋다. 특히 사진기 등의 귀중품은 주변에 마련된 물품 보관함에 보관하고 입장하도록 하자. 물품 보관함에 소지품 보관시 한국어 버튼을 누른 뒤 순서대로 따라하면 된다. 보관함은 45분까지는 무료, 45분 이상은 유료다.

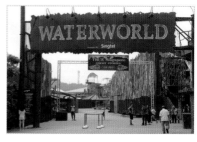

고대 이집트(Acient Egypt)

미라와 거대한 파라오상을 만날 수 있는 테마파크로 1930년대의 고대 이집트로의 과거 여행을 떠날 수 있는 곳이다. '미라의 복수'는 깜깜한 어둠 속에서 빠른 스피드로 급커브를 돌며 달리는 어트랙션으로, 무시무시한 미라 군단과 마주치는 짜릿함과 스릴감을 경험할 수 있다. 미라의 복수 어트랙션을 타기 위해서는 손가방까지 물품 보관함에 보관해야 한다.

사이파이 시티(Sci-Fi City)

우주에서 벌어지는 인간과 로봇의 대결을 그린 미국 드라마 〈배틀스타 갤럭티카〉를 테마로 한 존으로 미래의 사이버 도시로 꾸며놓은 곳이다. 시속 90km로 질주하는 배틀스타 갤럭티카는 세계에서 가장 긴 듀얼링 롤러코스터로 42.5m의 높이에 상체만 매달려 가는 '사이클론 코스터'와 의자에 앉아서 가는 '휴먼 코스터'가 있다. 트랜스포머 더 라이드는 전 세계 유일의 3D 입체 어트랙션으로 여행자들 사이에서 입소문이 난 어트랙션 중 하나다. 사이파이 시티는 유니버설 스튜디오에서 가장 아찔한 어트랙션을 즐길 수 있는 곳이다.

뉴욕(New York)

실제 뉴욕에 온 것 같은 착각이 들 정도로 뉴욕의 모습을 정밀하게 재현한 곳이다. 영화 세트장과 제작 현장도 구경할 수 있으며 스티븐 스필버그 감독의 특수효과 무대에서 다양한 특수효과도 경험할 수 있다.

Tip 1

유니버설 스튜디오 구경 후에 가볼 만한 추천 식당

말레이시안 푸드 스트리트

유니버설 스튜디오 정문으로 나오면 바로 오른쪽에 말레이시안 푸드 스트리트가 있다. 유니버설 스튜디오 이용 중간에 푸드 스트리트로 나와서 식사를 해도 괜찮다. 다만 식사를 위해 밖으로 잠깐 나올 때는 다시 들어온다는 표시(손목 부분에 찍은 도장)를 꼭 받고 나오도록 하자. 추천 메뉴로는 치킨라이스, 해산물 볶음면(Char Kway Teow) 등이 있다.

인사동 코리아타운

말레이시안 푸드 스트리트 바로 옆에는 한국의 인사동을 재현한 코리아타운이 있다. 한국 식당이 입점해 있으니 한국 음식이 그립다면 한 번쯤 들러볼 만하다. 그곳에 걸린 한국 간판들을 보고 있으면 잠시 한국에 있는 듯한 착각이 들 정도로 화려하게 꾸며져 있다.

Tip 2

유니버설 스튜디오를 구경한 후 멀라이언 타워로 가는 방법에는 도보 이동 혹은 모노레일 탑승이 있다.

▌유니버설 스튜디오에서 도보 이동으로 멀라이언 타워 구경하기▐

① 하버프런트 역의 센토사 리조트 월드 조형물이다.

② 조형물과 분수대를 지나면 에스컬레이터가 나온다.

③ 에스컬레이터를 타고 올라가면 멀라이언 타워를 배경으로 한 분수대가 나온다.

④ 멀라이언 타워다.

가족 친화적인 아시아 최남단 해변,

팔라완 비치

Palawan Beach

팔라완 비치는 가족을 위한 휴양 비치로 유명하다. 해변 모래사장은 입자가 고와 걷는 것만으로도 기분이 좋아지며, 수심이 깊지 않아 어른, 아이 누구나 수영을 즐길 수 있다. 또한 주변에 편의점, 식당 등이 갖추어져 있어 편리하다. 바다를 가로지르는 그물다리를 지나면 아시아 최남단 대륙이라는 이정표와 함께 나무로 만들어진 전망대가 있다. 전망대 꼭대기에서는 남중국해의 망망대해와 센토사 섬의 전체적인 조망이 가능하다. 어린이들을 위한 어린이 전용 워터파크(Port of Lost Wonder)와 다양한 새, 원숭이 쇼가 펼쳐지는 원형극장도 마련되어 있어 아이들과 함께 즐기기에도 좋다. 매주 토요일과 일요일, 공휴일, 방학 시즌, 어린이날에는 모래사장에서 잃어버린 보물을 찾기도 하고, 모험에 대한 학습 효과를 주는 선장 잡기 게임도 개최

된다. 이처럼 팔라완 비치는 가족 친화적인 해변이다.

　팔라완 비치에서는 해변을 산책하거나 비치 의자에 누워 시원한 바닷바람과 경치를 즐기는 것만으로도 충분히 값진 시간을 보낼 수 있다. 편안하게 마음을 다독여줄 장소를 찾고 싶다면 센토사의 팔라완 비치를 방문해보자. 볼거리도 충분해 즐거움과 여유를 동시에 누릴 수 있다.

이용 안내

◆**운영시간:** 어린이 워터파크 10:00~18:30, 동물 쇼(2회) 14:00~14:15, 17:00~17:30　◆**입장료:** 비치 무료, 어린이 워터파크(부모 무료) S$10(주중), S$15(주말), 동물 쇼 무료　◆**홈페이지:** www.sentosa.com.sg/en/beaches/palawanbeach

느낌 한마디

비치 스테이션에서 트램을 타고 왔지만 걸어서도 갈 수 있는 거리였다. 입구에 들어서니 고요함이 느껴진다. 아늑한 공간이 주는 편안함 때문인지 해변에서 수영을 즐기는 여행자들의 모습이 평온해 보였다. 모래사장에도 몇 명의 여행자들만 산책을 즐길 뿐 적막하기 그지없다. 일부 여행자들이 팔라완 비치를 전세라도 낸 것은 아닌지 착각할 정도로 한적한 곳이었다. 한편에서는 삼삼오오 모래사장에 누워 일광욕을 즐기고 있었다. 구름에 가려진 해가 왔다 갔다 한다. 어린이 전용 워터파크로 발길을 옮겨본다. 비명소리와 함께 즐거움에 빠져든 아이들의 웃음소리가 울타리 밖까지 들려온다. 전망대에 오르니 앞쪽으로는 센토사의 전경이, 뒤편으로는 무역선들이 듬성듬성 자리를 차지하고 있었다. 무역중심지로 우뚝 선 싱가포르의 경제가 보이는 듯했다. 방죽에 앉아 바닷바람을 맞아본다. 시원한 바람, 청량한 하늘, 주위를 가득 메운 야자수가 이국적인 분위기를 자아낸다. 팔라완 비치는 어머니의 품처럼 편안한 곳이었다.

팔라완 비치
어떻게 가야 할까?

① 센토사 익스프레스에 탑승한 후 비치 스테이션
에서 하차한다.

② 출구에서 왼쪽으로 이동한다.

③ 오른쪽에는 버스정류장이 있고, 왼쪽에는 비치행
트램 정류장이 있다.

④ 팔라완 비치행 트램 정류장으로 가서 트램을 탄다
(실로소 비치행 트램 정류장과 반대 방향이니 참고하자).

⑤ 팔라완 비치에서 하차한다. 팔라완 비치 입구다.

팔라완 비치
어떻게 즐겨볼까?

센토사에서 가장 평온하며, 고운 모래를 자랑하는 팔라완 비치는 여행자들에게 여유를 선물해주는 해변이다. 근처 도로변에 샤워실이 마련되어 있기 때문에 해변에서 수영을 즐겨도 전혀 문제가 없다. 센토사에서 가장 크고 조용한 팔라완 비치에서 싱가포르 여행의 절정을 느껴보자.

팔라완 비치에 마련된 그물다리를 건너면 센토사 섬 전체를 조망할 수 있는 전망대가 있다. 앞쪽으로는 멀라이언 타워까지 조망이 가능하며, 뒤쪽으로는 남중국의 망망대해가 펼쳐진다. 전망대에 올라 시원한 바닷바람과 함께 센토사의 아름다운 모습을 담아보자.

어린이 전용 워터파크다. 다양한 물놀이 기구가 마련되어 있으며 최상의 안전을 보장한다. 12세 이하의 어린이를 동반한 여행자들이라면 이곳 워터파크에서 오후의 무더위를 날려보자.

다양한 새와 원숭이 쇼가 진행되는 원형극장이다. 주롱 새 공원을 방문하지 못한 여행자라면 원형극장에서 아쉬움을 달래보자. 주롱 새 공원처럼 쇼가 끝나고 나면 새들과 기념 촬영을 할 수 있는 시간도 주어진다.

최고의 드라이빙 어트랙션,

센토사 스카이 라이드와 루지
Sentosa Skyride & Luge

실로소 비치 출발점에 있는 스카이 라이드는 4인승 리프트로 루지를 이용하는 관광 객뿐 아니라 스카이 라이드 단독 이용자들도 탑승이 가능하다. 스카이 라이드는 센 토사 섬을 조망하기 위한 최상의 여행 코스다. 스카이 라이드를 타고 정상에 오르면 루지의 출발점인 임비아 룩아웃에 도착한다. 루지는 19세기 중반 스위스에서 유행 했던 썰매놀이에서 유래했으며, 겨울 스포츠의 일종으로 얼음 트랙을 활주해 시간 을 겨루는 썰매 경기다. 마치 겨울 스포츠 봅슬레이를 타는 것처럼 발은 전방을 향 하고, 얼굴은 하늘을 향한다. 센토사 루지는 이 썰매 경기에 착안해 썰매를 놀이와 접목한 것으로 싱가포르, 캐나다, 뉴질랜드에만 있는 놀이기구다.

센토사에서 만나는 루지는 임비아 룩아웃에서 실로소 비치까지 약 700m의 구불

구불한 경사로를 빠른 스피드로 내려오는 드라이빙 어트랙션이다. 탑승 전 안전교육을 실시하기 때문에 누구나 쉽고 안전하게 이용할 수 있으며, 자전거 손잡이 같은 핸들이 달려 있어 속도와 방향을 원하는 대로 조정할 수 있다. 핸들은 앞으로 밀면 가속도가 붙고 뒤로 당기면 브레이크가 작동해 속도가 줄어든다. 코스는 정글 트레일과 드래곤 트레일의 2가지 코스가 있다.

센토사 루지는 출발하면 5분도 채 지나지 않아 도착점에 도달하는 아쉬움 가득한 어트랙션이다. 그러니 처음 탑승 티켓을 구매할 때 2회 티켓을 구매하는 것도 아쉬움을 달래는 좋은 방법이다. 스카이 라이드와 루지 콤보 티켓도 있다. 이는 실로소 비치에서 스카이 라이드를 타고 루지 출발점으로 올라가는 티켓으로 여행자들에게 가장 인기가 좋은 티켓이며, 낮보다 야간에 이용하는 것이 더 화려한 볼거리를 즐길 수 있다. 전 세계에서 단 3군데 밖에 없는 희귀한 놀이기구, 루지에 취해보자.

이용 안내

◆ **운영시간:** 10:00〜21:30 ◆ **요금:** 스카이 라이드 & 루지 콤보 S\$17, 스카이 라이드 S\$11 ◆ **주소:** 45 Siloso Beach Walk Sentosa, Singapore 099003 ◆ **홈페이지:** www.skylineluge.com

싱가포르 센토사에 가면 꼭 타봐야 할 스카이 라이드! 스카이 라이드에 탑승하면 센토사를 가로지르는 케이블카와 센토사의 전체적인 모습을 조망할 수 있다. 스카이 라이드를 타고 바라보는 발아래의 모습은 가슴이 찌릿할 정도로 아찔하다. 스카이 라이드에서 내려 루지를 안전하게 즐기기 위해 안전모를 착용했다. 안내원의 교육을 받고 난 뒤 출발했다. 핸들을 앞으로 밀자 가속도가 붙기 시작한다. 앞서 달리는 루지를 앞질러본다. 자동차를 운전하듯 핸들을 조작하니 자유자재로 방향 조정이 가능했다. 앞서 달리는 루지에서는 아이보다 아이 엄마가 더 신이 났다. 최고의 기분을 만끽하기도 전에 도착이었다. 도착지점에서는 녹색불이 켜지는 곳으로 이동하면 된다. 센토사 루지는 남녀노소 누구나 즐길 수 있는 짧지만 강렬한 자극을 주는 최상의 어트랙션이었다. 아쉬운 마음을 달래며 스카이 라이드로 바쁘게 이동했다. 정글 트레일을 탔으니 이번에는 드래곤 트레일이다.

센토사 스카이 라이드와 루지
어떻게 가야 할까?

▶ 스카이 라이드를 먼저 탄 후 루지 타기

① 모노레일을 타고 비치 스테이션에서 하차한다.

② 출구에서 오른쪽 실로소 비치 방향으로 이동한다.

③ 직진해 계단을 내려간다.

④ 실로소 비치 이정표를 따라 이동한다.

⑤ 직진하면 정면에 실로소 비치 출입구가 있다.

⑥ 오른쪽이 스카이 라이드 타는 곳이다.

Tip 팔라완 비치를 구경한 후 스카이 라이드 타기
① 트램을 타고 실로소 비치로 이동한다.
② 실로소 비치 앞쪽에 스카이 라이드 출발지점이 있다.
③ 스카이 라이드를 타고 임비아 룩아웃 쪽으로 이동한다.
④ 루지를 탄다.

루지를 먼저 탄 후 스카이 라이드 타기
① 모노레일을 타고 임비아 스테이션에 하차한다.
② 출구에서 멀라이언 타워 쪽으로 이동한다.
③ 스카이라인 루지 센토사 쪽으로 계속 이동한다.
④ 루지를 탑승한다.
⑤ 루지 도착지점이 실로소 비치와 연결된다.
⑥ 스카이 라이드 타고 임비아 스테이션으로 돌아온다.

센토사 스카이 라이드와 루지

어떻게 즐겨볼까?

스카이 라이드를 타고 루지 탑승장으로 이동한다. 루지는 안전한 놀이기구지만 혹시 모를 사고에 대비해 안전모를 착용한다. 그다음 운행 요원 지시에 따라 루지를 탄다. 루지 트레일에는 드래곤 트레일과 정글 트레일이 있다. 트레일을 따라 루지를 타고 도착지점까지 내려오면 된다. 스카이 라이드를 타고 올라갈 때는 센토사의 전경을, 루지를 타고 내려올 때는 짜릿한 속도감을 즐겨보자.

센토사 최고의 화려한 판타지 쇼,

윙즈 오브 타임

Wings of Time

윙즈 오브 타임은 센토사와 ECA2(프랑스 멀티미디어 쇼 회사)가 합작해서 만든 화려한 야간 레이저 쇼이며, 길이 50m가 넘는 삼각 철제 조형물이 달린 대형 LED 스크린과 최대 크기의 위터 스크린을 이용한 세계 유일의 해상 쇼다. 여행자들에게 뜨거운 반응을 얻은 송즈 오브 더 씨(Songs of The Sea)의 후속작으로 제작된 윙즈 오브 타임은 기존의 레퍼토리에 스토리, 3D 애니메이션, 레이저, 불꽃, 물 분수 등을 더해 한 편의 대서사시로 탄생한 작품이다.

윙즈 오브 타임은 노래와 춤으로 구성된 프리 쇼 퍼포먼스를 시작으로 약 30분 동안 진행된다. 이야기는 길을 잃은 주인공 레이첼(Rachel)과 펠릭스(Felix)가 신비로운 선사시대의 새 샤바즈(Shahbaz)를 만나면서 시작된다. 아이들이 샤바즈에게

"이곳도 21세기니?"라고 묻자 샤바즈는 "내가 사는 세상을 보여줄게."라고 대답한 뒤 레이첼과 펠릭스를 데리고 신비로운 시간 여행을 떠난다. 그들은 영국의 산업혁명부터 실크로드시대, 마야 피라미드, 수중 세계와 아프리카 사바나까지 신비로운 예술 여행을 한다. 예술 여행은 레이저와 분수 쇼로 펼쳐지며 각 시대에 맞는 음악이나 분수 쇼를 보여주는 것이 공연의 하이라이트다. 레이첼과 펠릭스는 신비로운 시간 여행을 통해 더 많은 용기가 필요한 자신들을 발견한다. 대서사시의 말미에는 '신비의 새 샤바즈가 안전하게 그의 집으로 돌아갈 수 있을까?' '레이첼과 펠릭스는 진정한 그들의 우정을 찾을 수 있을까?'라는 의문을 던진다. 샤바즈가 분수 위로 날아가면 화려한 불꽃 쇼가 펼쳐지고 대단원의 막이 내린다. 여러 이국적인 풍경과 함께 한 편의 대서사시적인 이야기를 담고 있는 레이저 쇼, 윙즈 오브 타임은 센토사에서 꼭 즐겨야 할 구경거리이며 밤의 향연이다.

이용 안내

◆**운영시간:** 하루 2회 공연 19:40, 20:40, 토 21:40 (야외 공연이므로 날씨에 따라 취소가 되기도 한다.) ◆**요금:** VIP석 S\$23, 일반석 S\$18 ◆**전화번호:** 65-6736-8672 ◆**홈페이지:** www.wingsoftime.com.sg

Tip ECA2 회사는 상하이 세계 박람회 등 세계의 굵직한 멀티미디어 쇼와 프로젝트를 수행한 회사로 센토사의 음악 분수와 실로소 비치를 따라 들려오는 음악 쇼 등을 창안했다.

샤바즈: 샤바즈는 시공간을 자유롭게 넘나들며 여행을 할 수 있는 상상 속의 새다. 시간 여행을 통해 원하는 모든 것을 찾아 집으로 안전하게 돌아올 수 있다.

레이첼: 샤바즈와 함께 모험 여행을 떠나는 인물로 호기심과 활력이 넘치는 10대 소녀다.

펠릭스: 샤바즈를 만날 때까지 모험이라는 것은 생각해본 적이 없는 소심하고 보수적인 성격의 펠릭스는 자신의 능력까지도 확신하지 못하는 우유부단한 성격의 인물이다.

📋 느낌 한마디

낮 동안 내리던 비가 그쳐 쇼를 무사히 구경할 수 있었다. 윙즈 오브 타임은 때로는 부드럽고 때로는 스펙터클한 센토사 섬의 하이라이트라 할 만했다. 춤추듯 묘기를 부리는 분수와 화려한 영상, 빛의 향연인 레이저 쇼는 그 자체가 예술이었다. 시공간을 초월한 예술 여행 속 아프리카 사바나 풍경은 강렬한 노을이 진 아프리카로 공간 이동을 한 듯 기분 좋은 전율을 안겨주었다. 공연은 분수 위로 날아가는 샤바즈로 화려한 막을 내렸다. 윙즈 오브 타임에는 눈을 뗄 수 없는 대서사시적인 이야기가 담겨 있었고, 이국적인 풍경과 압도적인 화려함이 있었다. 피날레의 장식과 함께 여행자들은 우레와 같은 박수갈채를 보낸다. 공연은 마무리되었지만 쉽사리 자리를 뜰 수가 없었다. 진한 여운과 감동, 전율까지 안겨준 멀티미디어 쇼였다. 잠시 실로소 비치를 내려다보며 공연의 감동을 마음에 새겨본다.

윙즈 오브 타임

어떻게 가야 할까?

① 모노레일을 타고 비치 스테이션에서 하차한다.

② 출구에서 오른쪽 실로소 비치 방향으로 이동한다.

③ 직진해 계단을 내려간다.

④ 왼쪽이 윙즈 오브 타임 입구다.

윙즈 오브 타임

어떻게 즐겨볼까?

샤바즈의 등장

윙즈 오브 타임 공연은 신비의 새 샤바즈의 등장으로 시작한다. 샤바즈는 호기심 많은 10대 소녀 레이첼과 소심하고 보수적인 펠릭스를 만나게 되고, 이들은 함께 시공간을 초월한 신비로운 여행을 떠난다.

영국 산업혁명

첫 번째 여행은 18~19세기 후반의 영국이다. 당시 영국은 급격한 인구 증가와 식민지(아시아·아프리카) 확보 등으로 원활한 공급 체계가 필요해졌다. 이에 맞춰 기계 발명과 기술 혁신이 일어났고, 영국은 '해가 지지 않는 나라'라는 별명을 가지게 된다. 영국의 산업혁명을 주제로 쇼가 구성되니 즐겁게 감상해보자.

실크로드 시대

샤바즈, 레이첼, 펠릭스는 영국 산업혁명을 지나 동서양의 교역로였던 실크로드 시대로 간다. 실크로드는 기원전 8세기부터 기원후 19세기까지 약 2,500여 년간 그 명맥을 유지해왔으며, 특히 중국의 비단이 서양으로 전파된 기원후부터 당나라와 아랍과의 교류가 활발했던 17세기까지 크게 번성했다. 6,400km의 사막 길을 따라 수많은 상인들이 실크로드를 누비면서 중국은 서양으로 도자기, 화약 제조법, 비단 등을, 서양은 중국으로 유리, 향신료 등을 전파했다.

마야 피라미드

실크로드에서의 여행을 마친 샤바즈, 레이첼, 펠릭스는 아메리카 대륙의 마야 피라미드로 여행을 떠난다. 멕시코, 과테말라, 온두라스, 엘살바도르에 자리한 마야 문명은 아메리카 대륙에 펼쳐진 3대 문명(아즈텍 문명, 마야 문명, 잉카 문명) 중 하나다. 기원전 1천 년에서 기원전 400년에 발원해 16세기까지 2,500여 년 동안 존재했던 문명으로, 이집트의 피라미드가 '파라오'를 묻기 위한 왕묘였다면 마야 문명의 피라미드는 신에게 제사를 지냈던 신전이었다.

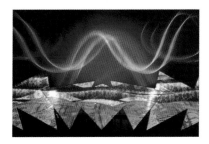

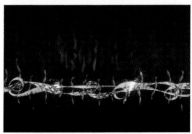

수중세계

시공간 여행으로 더욱더 우정이 돈독해진 레이첼과 펠릭스는 아메리카 대륙의 마야 피라미드를 둘러본 후 아프리카로 넘어가기 전 태평양 바다로 수중세계 여행을 떠난다. 형형색색의 산호초와 신비로운 심해 바다로의 여행은 또 다른 새로운 세상을 만나게 한다.

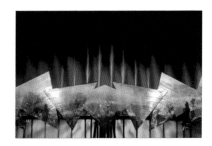

아프리카 사바나

샤바즈와 레이첼, 펠릭스는 석양이 내려앉은 아프리카 사바나로 마지막 여행을 떠난다. 아카시아종 나무들, 야자수, 바오밥 나무 등이 자란 사바나에는 초식 동물 무리와 코끼리, 코뿔소, 기린 등을 볼 수 있다. 붉은 노을을 머금은 아프리카 사바나의 장엄한 모습은 보는 이의 마음까지 평화롭게 만든다.

마지막 여행지였던 아프리카까지 신비로운 시간 여행을 마친 샤바즈는 레이첼, 펠릭스와 아쉬운 작별을 해야 한다. '시간을 거슬러 현재의 아프리카 사바나까지 여행을 온 샤바즈는 주인공들과 작별 후 과연 무사히 선사시대로 돌아갈 수 있을까?' '레이첼과 펠릭스는 시간 여행을 통해 진정한 우정을 찾지 않을까?' 관객들은 이러한 의문을 생각하며 상상의 나래를 펼친다.

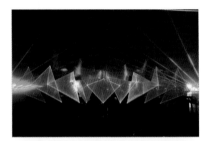

샤바즈는 힘찬 날갯짓과 함께 분수 위로 날아간다. 대단원의 막을 알리는 화려한 불꽃 쇼는 주인공들의 긍정적인 모습을 전해주듯 대미를 장식하며 대서사시적인 이야기를 마무리한다.

싱가포르식 볶음 쌀국수 차콰이테오,
페낭 림 브라더스
Penang Lim Brother's

차콰이테오(Char Kway Teow)는 납작한 면발의 쌀국수에 꼬막과 숙주나물, 랍청(중국 소제 소시지), 새우, 간장, 타마린드 즙, 매운 소스 등을 넣고 볶은 쌀국수 요리다. 차콰이테오는 밤에 부업으로 음식 행상을 하던 상인들이 빠르게 요리를 만들기 위해 남은 재료들을 섞어 만들면서 처음 시작되었는데, 지금은 싱가포르 어디를 가든 쉽게 볼 수 있는 싱가포르 대표 음식이 되었다. 최근 차콰이테오는 녹색 채소는 더 많이, 기름은 더 적게 넣으면서 건강에 좋은 건강식 요리로 발전했으며, 아삭아삭 씹히는 숙주와 채소, 부드러운 면이 어우러져 최고의 식감을 자랑한다.

차콰이테오는 싱가포르 대부분의 푸드 센터에서 쉽게 만나볼 수 있으며, 프린세스 테라스 카페(Princess Terrace Café)나 자이온 로드 호커 센터(Zion Road Hawker

Centre)의 대표 음식이기도 하다. 센토사 섬에 왔다면 말레이시안 푸드 스트리트에 있는 페낭 림 브라더스에 방문해보자. 페낭 림 브라더는 차콰이테오만 취급하는 전문점으로 합리적인 가격과 풍성한 맛으로 정평이 나 있다. 말레이시안 푸드 스트리트로 들어가면 어디선가 들려오는 지글거리는 소리와 식욕을 자극하는 냄새로 쉽게 가게를 찾을 수 있다. 센토사를 찾은 오늘, 싱가포르 대중 요리이자 한국인들의 입맛에도 딱 맞는 차콰이테오를 즐겨보자. 말레이시안 푸드 스트리트 옆에는 인사동 코리아타운도 있으니 한국 음식을 원한다면 한 번 들러볼 만하다.

이용 안내

◆ **영업시간:** 11:00~21:30 ◆ **가격:** S$6~ ◆ **위치:** 유니버설 스튜디오 근처 말레이시안 푸드 스트리트

📋 느낌 한마디

손님이 많을 때는 미리 만들어놓고 바로바로 음식을 내어주는 다른 음식점들과는 달리 페낭 림 브라더스에서는 번호표를 받고도 한참이 지난 후에야 음식을 받을 수 있었다. 주문을 받은 다음 즉석에서 만든 음식이어서 그런지 면은 퍼짐 없이 쫄깃했고, 짜지 않고 담백한 맛이 일품이었다. 특히 숙주의 아삭한 식감이 면 특유의 퍽퍽함과 기름 요리의 느끼함을 잘 잡아주었다. 마치 콩나물이 들어간 잡채를 먹는 것 같았다. 손님들의 발길이 끝없이 이어지고 국자를 잡은 직원의 빠른 손놀림이 웍(볶는 솥) 위에서 춤을 춘다. 말레이시안 푸드 스트리트의 최고의 면 요리 차콰이테오로 센토사를 구경하느라 허기진 배를 달래본다.

페낭 림 브라더스

어떻게 가야 할까?

1. 센토사 익스프레스를 타고 워터프런트 스테이션에서 하차한다.

2. 출구로 나와 모형 멀라이언이 보일 때까지 직진한다.

3. 모형 멀라이언이 보인다.

4. 모형 멀라이언에서 유니버설 스튜디오 방향으로 직진한다.

5. 지구본 뒤편에 유니버설 스튜디오 매표소가 있고, 그 왼편에 말레이시안 푸드 스트리트가 있다.

얼큰한 국물에 코코넛 향이 담긴 락사 요리,
테이스트 오브 아시아
Taste of Asia

락사는 싱가포르 요리의 큰 축을 차지하고 있는 페라나칸(Peranakan) 요리로 생선을 졸여 만든 국물에 달걀, 레몬, 파인애플, 양파, 타마린, 고추, 새우, 코코넛 우유 등을 넣어 만든 국수 요리다. 생선살과 달걀, 갖은 양념이 어우러진 고소하고 매콤한 국물 맛이 일품이다. 동남아 사람들이 공통적으로 즐기는 락사는 지역에 따라 조리법이 변형되어 맛이 다양하며, 싱가포르식 락사는 진하고 걸쭉한 육수가 특징인 락사르막(Laksa lemak)이라고 부른다. 락사르막은 오랜 시간 끓인 생선 육수에 큼직한 새우와 쫄깃한 면발, 삶은 달걀, 유부, 숙주 등을 넣고 끓여낸 뒤 매콤한 소스와 코코넛 우유를 넣어 걸쭉하게 만드는 것이 특징이다.

　락사는 맵고, 시고, 달콤한 맛이 조화를 이룬다. 처음 접하는 사람의 경우 거부감

을 일으킬 수도 있지만 한 번 맛을 보면 다시 찾게 되는 중독성이 강한 음식이다. 싱가포르 락사는 카통(Katong) 지구가 특히 유명하며, 젓가락 없이 숟가락만 사용해서 먹을 수 있을 정도로 면이 부드럽다. 락사는 싱가포르 전 지역에서 쉽게 찾아 볼 수 있으며 가격 또한 저렴해 여행객들에게 많은 사랑을 받고 있다.

센토사의 테이스트 오브 아시아는 아시아 음식 전문 레스토랑이며 락사를 단품 메뉴로도 즐길 수 있지만, 치킨라이스·사테·락사를 함께 먹을 수 있는 세트 메뉴도 추천할 만하다. 짧은 여행 일정이라면 테이스트 오브 아시아의 추천 메뉴인 세트 메뉴를 선택해보자. 싱가포르 음식의 종합세트를 한 자리에서 맛볼 수 있다.

이용 안내

◆ **운영시간:** 11:00~22:00 ◆ **가격:** 락사 S$8.2~, 세트 S$12.50~+추가17%(봉사료 10%+GST 7%) ◆ **위치:** 비치 스테이션 윙즈 오브 타임 공연장 앞 ◆ **전화번호:** 65-6273-1743

📝 느낌 한마디

하루 종일 센토사를 돌아다니다 공연이 임박한 시간에 찾은 식당이었다. 바깥에서 내부를 보니 인테리어가 깨끗하고 무엇보다 무더위를 식힐 수 있는 에어컨이 설치되어 있어 마음에 들었다. 식당으로 들어가 치킨라이스·사테·락사를 한 번에 맛볼 수 있는 세트 메뉴를 주문했다. 치킨라이스는 마치 찹쌀로 밥을 지은 듯 다른 음식점에 비해 밥이 찰졌고, 참기름을 부은 듯 윤기가 흘러 먹기에도 좋았다. 사테는 우리나라 꼬치요리 같았다. 사테의 고기는 먹기 편하게 부드러웠고 단맛이 나는 것이 양념 불고기를 먹는 것 같았다. 면이 들어간 락사는 해물탕에 면을 넣은 것 같았지만 기름이 둥둥 떠 있어 먹기가 조금 꺼려졌다. 국물 한 수저를 겨우 떠서 먹어봤다. 생각했던 것과는 다르게 비릿함이나 느끼함은 없었다. 새우는 적당히 간이 배어 있어 먹기 좋았고, 국물은 짬뽕을 먹는 것처럼 새콤하고 매콤한 것이 입맛을 돋우어주었다. 주위를 둘러보니 어느새 빈자리를 찾을 수 없을 정도로 손님들로 붐볐다. 테이스트 오브 아시아에서 시원한 휴식과 포만감에 취해본다.

테이스트 오브 아시아

어떻게 가야 할까?

① 센토사 익스프레스를 타고 비치 스테이션에서 하차한다.

② 출구에서 오른쪽 실로소 비치 방향으로 이동한다.

③ 직진해 계단을 내려가면 오른쪽에 테이스트 오브 아시아가 있다.

Tip. 햄버거 등의 패스트푸드로 한 끼 식사를 원한다면 테이스트 오브 아시아 옆에 위치한 맥도날드나 마리(Marry)를 이용해보자. 윙즈 오브 타임 공연까지 시간이 남는다면 워터프런트 스테이션(센토사 익스프레스는 1일 무제한)에 있는 말레이시안 푸드 스트리트를 다시 이용하는 것도 고려해볼 만하다.

생선으로 만든 쫄깃한 피시볼,
송기 피시볼
Song Kee Fish Ball

피시볼은 생선살을 갈아서 동그랗게 빚은 뒤 끓는 물에 데쳐서 먹는 음식으로, 뜨거운 육수에 담아서 먹는다. 물컹물컹할 것 같지만 실제로 맛보면 탱글탱글하고 상당히 쫄깃하며, 곤약을 씹는 듯한 식감이 특징이다. 한국인들이 어묵 요리를 즐겨 먹듯 피시볼은 싱가포르에서 대중적인 음식으로 포만감이 좋아 아침식사 대용으로 먹기도 한다. 피시볼은 호커 센터에서 쇼핑몰의 푸드코트까지 싱가포르 여행중에 어디서나 쉽게 맛볼 수 있으며, 가격은 S$5 이내로 부담 없이 즐길 수 있다.

라우 파 삿 호커 센터는 싱가포르에서 가장 오래된 호커 센터로 중국·인도·무슬림·한국 등 다양한 나라의 음식을 즐길 수 있다. 빌딩들로 둘러싸인 래플스에 위치한 라우 파 삿 호커 센터는 저녁이면 마치 파티장에 온 듯 불야성을 이룬다. 싱가포

르 직장인들은 퇴근 후 라우 파 삿 호커 센터에서 저녁식사를 하고 사테 거리로 옮겨 맥주와 다양한 사테로 그날의 피로를 풀곤 한다. 라우 파 삿 호커 센터의 송기 피시볼에 들러 피시볼의 정석을 맛보도록 하자.

─────
이용 안내

◆ **영업시간:** 10:00~21:00 ◆ **가격:** 피시볼 S$4.5~ ◆ **주소:** 18 Raffles Quay, Singapore 048582 ◆ **홈페이지:** www.laupasat.biz

📑 **느낌 한마디**

싱가포르에서 맛본 피시볼 국물은 아무것도 첨가되지 않은 맹물처럼 맑았다. 보기에는 아무 맛도 나지 않을 것 같지만, 멸치를 넣고 오랜 시간 끓인 한국의 어묵 요리를 먹는 듯 시원하고 진한 맛이 난다. 하얀 탁구공처럼 생긴 피시볼은 쫄깃하며 면은 적당히 삶아져 먹기가 편했다. 고기 고명은 피시볼의 양념처럼 피시볼의 특별한 맛을 더해주었다. 피시볼 한 그릇을 비우고 나니 포만감이 밀려온다. 시원하고 깔끔한 싱가포르식 어묵 한 그릇에 기분 좋은 저녁을 맞이해본다.

싱가포르 고유의 꼬치요리인 사테,
라우 파 삿 사테 거리
Lau Pa Sat Satay Street

싱가포르 고유의 꼬치 요리인 사테는 15세기 아랍 상인들이 즐겨 먹던 케밥에서 기원했다고 한다. 싱가포르뿐 아니라 말레이시아, 필리핀, 태국 등 동남아시아 여러 나라에서 손쉽게 먹을 수 있지만 싱가포르의 사테는 조금 특별하다. 작게 다진 닭고기·양고기·소고기 등을 간장·소금·고수 등의 향신료로 만든 소스에 재웠다가 숯불에 천천히 굽는다. 다 구워진 꼬치는 지역에 따라 고소한 맛의 땅콩 소스나 커리 소스를 발라 먹기도 한다. 향신료로 인한 감칠맛이 특징이며 숯불의 은은한 향이 특별함을 더해준다.

　라우 파 삿 사테 거리는 밤이면 북적이는 손님들로 발 디딜 틈이 없다. 이미 여행객들에게는 최고의 맛집 코스로 알려져 있으며, 입구부터 달려드는 호객 행위와 매

캐한 연기만으로도 사테 거리의 시끌벅적함을 느낄
수 있다.

초창기에는 사테를 구울 때 말린 코코넛 잎
의 뾰족한 부분을 이용했지만 요즘은 대나
무 막대기를 사용한다. 완성된 사테에 기름
을 바른 뒤 오이와 양파 등을 곁들여 먹기도
한다. 사테 거리에 들러 타이거 맥주와 함께 싱가포르
음식문화에 빠져보자.

이용 안내

◆**영업시간:** 월~금 19:00~새벽 3:00, 토~일 16:00~새벽 3:00 ◆**가격:** 모듬 사테 S$9.5 ◆**주소:** 18 Raffles
Quay, Singapore 048582 ◆**전화번호:** 65-6220-2138 ◆**홈페이지:** www.laupasat.biz

📝 느낌 한마디

입구부터 매캐한 연기가 자욱하다. 시내 중심가에 있는 일일 주점에라도 온 듯 사테 거리는 싱가
포르 여행에 특별함을 더한다. 세계 여느 여행지 도심에 이런 노천식당이 있을까? 사테는 한국식
양념 꼬치구이인데 특이하게 단맛이 느껴진다. 그 단맛은 설탕이 아닌 땅콩 소스 때문인 듯하다.
고소한 땅콩 소스는 단맛뿐 아니라 담백함도 전해준다. 입안에 숯불의 향이 퍼진다. 무엇보다 부
드러운 고기 맛이 최고였고, 맥주 안주로도 부족함이 없었다. 고기는 물에 푹 삶은 듯이 부드럽게
벗겨졌다. 치킨, 비프 등의 다양한 재료로 만든 세트 요리라 먹고 나니 포만감도 있다. 길거리 음
식인 사테는 역시 왁자지껄한 거리에서 먹는 게 제 맛이다. 사테와 타이거 맥주, 그리고 시끌벅적
한 삶의 소리에 싱가포르의 하루가 저물어간다.

어떻게 가야 할까?

(1) MRT 래플스 플레이스 역에서 하차한다.

(2) 개찰구를 통과한 후 왼쪽 A 출구로 이동한다.

(3) 에스컬레이터를 탄다.

(4) 직진 후 오른쪽 로빈스 로드로 이동한다.

(5) 끝 지점까지 직진한 후 왼쪽 I 방향 에스컬레이터
를 탄다.

⑥ 출구에서 오른쪽 로빈스 로드 방향 표지판 쪽으로 이동한다.

⑦ 왼쪽에 'AIA CUSTOMER SERVICE CENTRE' 건물을 두고 직진한다.

⑧ 두 번째 횡단보도를 건너면 라우 파 삿 호커 센터가 있다.

⑨ 라우 파 삿 호커 센터 건물로 들어가서 정면 음료 코너(HOT DESSERTS)로 들어가기 전 오른쪽이 송기 피시볼 가게다.

⑩ 음료수 코너 앞에서 왼쪽으로 도로 밖까지 직진하면 사테 거리다.

싱가포르의 상징인 거대한 마스코트,
멀라이언 타워
The Merlion Tower

센토사의 멀라이언은 싱가포르에서 가장 큰 37m의 높이로 당당한 자태를 뽐내고 있으며, 내부로 입실도 가능하다. 또한 머리 위 전망대는 360도로 회전하며 섬 전체를 조망할 수 있도록 꾸며놓았다. 밤이면 레이저 빔과 다채로운 조명으로 센토사의 밤하늘을 밝히며 여행자들의 눈을 호강시켜준다. 전설 속의 멀라이언은 싱가포르의 상징이며 번영의 수호자로 항구 도시 싱가포르의 역사라 할 수 있다.

센토사 멀라이언은 오스트레일리아의 아티스트 제임스 마틴이 디자인하고 조각했으며 1995년에 완성되었다. 섬에서 가장 높은 위치에 있는 센토사 멀라이언은 숫자 8(상서로운 의미를 담고 있는 숫자)을 표현한 팔괘 모양의 토대 위에 세워져 있으며, 몸에 있는 320개의 비늘 모양 또한 팔괘와 닮았다. 멀라이언의 이빨은 싱가포르에 거주하는 다민족을 나타내며 모든 민족이 번영하길 바란다는 의미를 담고 있다.

전설에 따르면 센토사의 멀라이언은 싱가포르의 번영과 평안을 수호하고자 매년 센토사 섬에 찾아왔었다고 한다. 어느 날 거센 폭풍과 함께 섬이 위태로워지자 멀라이언이 천둥과 구름을 물리쳐 섬을 안전하게 지켰다고 한다. 이러한 전설은 수많은 위기에도 성장을 일궈낸 싱가포르의 현재 모습을 고스란히 담아내고 있다. 이 전설이 허구이든 사실이든 싱가포르를 방문한다면 엄청난 위용을 자랑하는 센토사 멀라이언을 방문해 싱가포르의 상징을 제대로 느껴보자.

이용 안내

◆ **운영시간:** 10:00~20:00 ◆ **가격:** 성인 S\$12, 어린이 S\$9 ◆ **주소:** 30 lmbiah Raod, Singapore 099705 ◆ **전화번호:** 65-6275-0388 ◆ **홈페이지:** merlion.sentosa.com.sg

🔖 느낌 한마디

임비아 스테이션에 내리자 어마어마한 크기의 멀라이언이 반긴다. 모두들 센토사라는 글귀의 조형물 앞에서 멀라이언을 배경으로 사진을 찍기에 정신이 없다. 센토사의 상징물이라 할 만큼 우뚝 서 있는 모습이 장엄하다. 가까이 다가가니 싱가포르 수호신처럼 입을 크게 벌리고 있다. 벌린 입에서 품어져 나오는 위용이 어마어마하다. 내부로 입장하자 파란 조명과 심해를 묘사한 입구에 다시 한 번 감탄한다. 칼을 든 작은 멀라이언 조형물을 구경하며 안으로 들어가니 영상실이 있었다. 운 좋게 한국 단체 관광객들을 만나 한국어로 싱가포르의 전설을 들을 수 있었다. 한국에 단군신화가 있듯이 싱가포르에는 멀라이언과 함께 그들만의 전설이 있었다. 멀라이언의 입에는 번영의 종이 마련되어 있었다. 종을 울리면 여행의 무사안위와 복이 온다는 말에 힘껏 울려본다. 종소리가 너무 커 37m 높이 아래의 관광객에까지 들릴 정도다. 멀라이언의 머리 위 전망대에서는 싱가포르와 센토사의 전체적인 모습이 한눈에 들어왔다. 싱가포르를 턱 하니 지키고 있는 멀라이언 전망대에서 바라본 싱가포르는 오늘도 멀라이언의 보호 아래 힘차게 달려가고 있었다.

멀라이언 타워

어떻게 가야 할까?

▶ 센토사 익스프레스를 이용할 경우

① 센토사 익스프레스 임비아 스테이션에서 하차한다.

② 출구에서 왼쪽 멀라이언 플라자로 이동한다.

③ 입장권이 필요한 여행자는 정면 센토사 조형물 옆 매표소에서 타워 입장권을 구매한다.

④ 왼쪽 멀라이언 타워 방향으로 이동한다.

① 유니버설 스튜디오 지구본 옆에 멀라이언 조각
상이 있다.

② 왼쪽 'Lake of Dreams' 방향으로 직진한다.

③ 에스컬레이터를 2번 탄다.

④ 분수대를 지나 직진하면 멀라이언 타워 입구가 보
인다. 그 왼쪽이 임비아 스테이션이다.

멀라이언 타워
어떻게 즐겨볼까?

멀라이언 영상실

입구에 들어서니 절반은 사자, 절반은 인어 형상을 한 멀라이언의 그림이 보인다. 전체적으로는 바다 속 풍경을 재현해 마치 해저를 거니는 듯한 느낌이 들게 꾸며놓았다. 영상실에서는 싱가포르의 상징이 된 멀라이언을 스토리로 재구성해 싱가포르라는 이름이 탄생하게 된 과정을 애니메이션으로 상영한다.

번영의 주화

머컵스(Mercubs)라는 애칭을 가지고 있는 골드 멀라이언 상(Gold Merlion Statue)이 있다. 이 골드 멀라이언 상을 보는 것만으로도 행운이 깃든다고 한다. 멀라이언 타워에 입장할 때 플라스틱 카드를 받게 되는데, 카드를 멀라이언 조각상의 입에 넣으면 골드색 번영의 주화가 나온다. 기념으로 골드색 번영의 주화를 간직해 보자. 마치 보물 여행이라도 온 듯 색다른 기분을 경험할 수 있다.

멀라이언 입 전망대

멀라이언의 이빨은 싱가포르에 거주하는 다민족을 나타내고 있으며 모든 민족이 번영하라는 의미를 담고 있다고 한다. 싱가포르의 상징인 멀라이언 입속에서 센토사를 바라본다는 것만으로도 특별한 경험이다.

번영의 종

멀라이언 입 옆에 마련된 번영의 종은 완벽한 여행을 도와준다고 한다. 평화와 번영의 상징인 종소리는 더 많은 행운을 불러준다는 속설이 있기 때문에 주저하지 말고 종을 울려보자. 싱가포르 여행의 안전과 삶의 번영을 안겨줄 것이다.

멀라이언 머리 전망대

센토사 섬의 아름다운 전경이 360도로 펼쳐진다. 국가적인 상징으로 많은 사랑을 받고 있는 멀라이언 타워에 오르는 일은 그 자체만으로도 의미 있는 경험이다. 그러니 멀라이언 타워를 방문했다면 전망대에 올라 싱가포르의 발전상을 한눈에 조망해보자.

센토사 멀라이언 상점

토스트와 음료를 마실 수 있는 카페가 있으며, 상점에서는 멀라이언 모형으로 만든 액세서리, 옷, 문구, 인형 등을 판매하고 있다.

멀라이언 워크(Merlion Walk)

멀라이언 상점 문을 열고 나오면 형형색색의 모자이크로 아름다운 장식과 모형을 만들어놓았다. 중간중간 마련된 거울 앞에 서면 자신의 몸이 길어지기도 하고, 거꾸로 보이거나 여러 개로 보이기도 해 흥미롭다. 멀라이언 워크를 걷는 것만으로도 상상의 나래를 펼 수 있다. 멀라이언 워크 끝 지점에서 5분 정도 이동하면 센토사 익스프레스 비치 스테이션이다.

센토사 섬의 또 다른 볼거리

실로소 비치

3.2km의 실로소 비치는 센토사 섬의 인기 있는 비치 중 하나다. 자전거, 카누, 인라인스케이트, 파도 서핑 등의 다양한 스포츠를 즐길 수 있으며, 밤이면 바와 레스토랑에서 화려한 음악과 함께 센토사 해변의 야경을 즐길 수 있다.

| 실로소 비치 가는 방법 |

① 모노레일을 타고 비치 스테이션에 서 하차한다.
② 출구에서 오른쪽 실로소 비치 방향으로 이동한다.
③ 직진해 계단을 내려간다.

④ 실로소 비치 이정표를 따라 이동한다.
⑤ 직진하면 정면에 실로소 비치 출입구가 있다.

아시아 최대 해저 탐험 언더워터월드

동남아시아에서 가장 큰 수족관인 '언더워터월드' 역시 센토사 섬이 자랑하는 명물이다. 총 길이 83m의 투명 터널을 지나면서 250여 종, 2,500여 마리의 물고기들을 생생하게 관찰할 수 있다. 물속에서 하늘을 나는 듯한 모습을 연출하는 '시 엔젤(Sea Angel)'과 '인어'라고 오해를 사기도 하는 '듀공(Dugong)'이 눈길을 끈다. 귀여운 분홍색 돌고래가 펼치는 돌고래 쇼도 볼 수 있다. 돌고래 쇼의 입장료는 언더 워터 월드 입장료(성인 S\$29.9)에 포함되어 있다.

홈페이지: www.underwaterworld.com.sg

넷째 날,

쇼핑족들의 성지와 이색문화 체험,
오차드 로드와 술탄 모스크

무스타파 센터

술탄 모스크

아이온 오차드

SINGAPORE

싱가포르는 다민족의 나라다. 이슬람 문화를 느끼며 걷다가도 몇 블록만 지나면 인도의 어느 도
시 속에 들어와 있는 듯하고, 또 다시 정처 없이 걷다 보면 중국 거리에 이른다. 싱가포르 여행
의 마지막 날, 이색적이고 독특한 싱가포르 속 이슬람 문화와 인도의 도시 분위기를 즐겨보자.
싱가포르 일정을 마무리하며 지인들을 위한 기념 선물도 준비하면 좋을 것이다. 오늘은 싱가포
르에서 가장 이색적인 문화를 체험하며 여행자들의 쇼핑 성지도 방문해보자!

오차드 로드

MRT
도비 갓 역

 MRT 오차드 역

🏬 아이온 오차드

MRT
서머셋 역

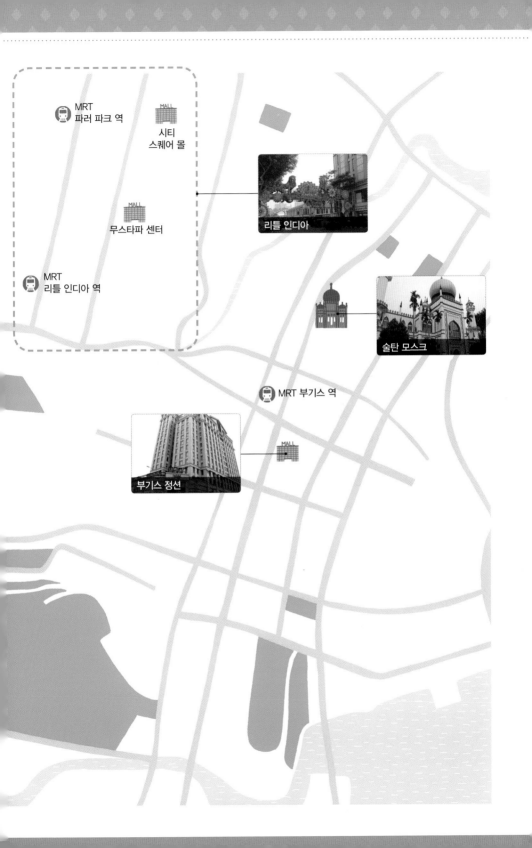

MRT
파러 파크 역

MALL
시티
스퀘어 몰

리틀 인디아

MALL
무스타파 센터

MRT
리틀 인디아 역

술탄 모스크

MRT 부기스 역

부기스 정션

MALL

리틀 인디아의 마스코트 쇼핑몰,

무스타파 센터
Mustafa Centre

무스타파 센터의 전신은 1971년 리틀 인디아 캠프벨 레인(Campbell Lane)에 설립된 의류 판매점이다. 의류 판매가 승승장구 하면서 1995년 지금의 장소에 무스타파 센터가 설립되었다. 무스타파 센터는 6층 높이에 30만 종류 이상의 아이템을 보유하는 등 최고의 쇼핑 공간을 창출하며 현재 싱가포르 쇼핑의 낙원이 되었다. 작지 않은 규모임에도 찾아오는 방문객들로 발 디딜 틈이 없으며, 특히 주말에는 찬거리 및 생활필수품을 구입하려는 현지인과 관광객들까지 몰려와 북새통을 이룬다. 무스타파 센터는 고가의 아이템보다 질 좋고 저렴한 물건으로 인기가 좋다. 향수, 옷, 전자제품, 화장품, 과자류 및 식료품, 헤어 · 건강 · 미용, 음반까지 갖추고 있으며 리틀 인디아 지역에 위치한 센터에 걸맞게 인도 의복과 장신구도 판매하고 있다. 쇼핑 이외

에도 호텔·비자·여행 서비스까지 제
공하며 고객 만족도가 높기로 유명하
다. 24시간 운영되는 무스타파 센터에
서 지인들에게 줄 선물 꾸러미도 챙기
고, 곳곳에서 느껴지는 인도 분위기도
함께 즐겨보자.

이용 안내

◆**운영시간:** 24시간 ◆**주소:** 145 Syed Alwi Road, Singapore 207704 ◆**전화번호:** 65-6295-5855 ◆**홈페이지:**
www.mustafa.com.sg

Tip 무스타파 센터에서 쇼핑 후 GST 환급 신청하기

① 물건을 S$100 이상 구매했을 경우에 청구한다.

② 지하 2층에서 GST 영수증(별표 표시★ eTRS 표시)을 받는다. 이때 여권을 지참해야 한다.

③ 공항에서 보딩 전 'GST REFUND' 이정표를 따라 환급 창구(터미널 3층 'departure' 앞에 있다)에서 환급을 받든지, 출국 심사 후 면세점 코너에 있는 환급 창구에서 환급을 받는다.

④ 영업이 종료되었으면 무인기 코너에서 자신의 정보를 입력한 후 GST 영수증 바코드를 누르면 된다.

📝 **느낌 한마디**

지하철역에서 쇼핑몰까지 가는 길은 마치 인도의 거리를 여행하는 듯했다. 거리를 가득 메운 인도인들이 인산인해를 이루며 이야기꽃을 피우고 있었다. 무스타파 센터로 들어서니 또 하나의 별천지가 펼쳐졌다. 좁은 통로를 따라 진열된 물건은 끝이 없었고, 걷기가 힘들 정도로 사람들이 많았다. 여행객들이 모여 있는 장소는 역시 쇼핑 필수 품목이 진열된 코너였다. 어떤 제품이 어디에 있는지 찾아볼 필요도 없이 사람들이 모여 있는 곳으로 이동하면 될 정도였다. 2층 매장에선 해피 히포 비스킷이 불티나게 팔리고 있었다. 인기 품목들은 채우기가 무섭게 동이 난다. 즉석에서 구워낸 빵부터 각종 식료품까지 많은 상품들이 끝도 없이 진열되어 있다. 마실 물과 간식거리를 구입해본다. 바닥에 그려진 안내판 표시가 없었다면 나오는 길을 잃어버렸을 정도로 넓은 공간이었다. 쇼핑백 한가득 선물 보따리를 챙기고 무스타파를 나서니 길거리에서는 또다시 인도의 향연이 펼쳐진다. 곳곳에서 느껴지는 인도의 정취를 마음껏 느껴본다.

무스타파 센터

어떻게 가야 할까?

(1) MRT 파러 파크 역에서 하차한다. 개찰구를 통과한 후 A 출구 랑군 로드(Rangoon Road) 쪽으로 이동한다.

(2) 출구로 나와 우회전한 뒤 직진한다.

(3) 횡단보도를 건너 노란색 건물 쪽으로 이동한 뒤 건물을 왼편에 두고 직진한다.

(4) 세랑군 플라자를 지난다.

(5) 횡단보도가 보이면 건너지 말고 왼쪽으로 이동한다. 조금 가다 보면 무스타파 센터 1번 입구가 보인다.

무스타파 센터

어떻게 즐겨볼까?

지하 1층 의류와 신발

지하 2층 보드게임·장난감·비디오게임·환전·GST 환급 영수증 발급 코너

Tip1 무스타파 센터에서 쇼핑시 여행자들이 가장 많이 찾는 곳은 1층과 2층이다. 1층에는 히말라야 수분크림, 히말라야 립밤, 만병통치약으로 소문난 AXE 브랜드 오일, 호랑이 연고, 치아 미백효과가 탁월한 달리(Darlie) 치약이 있다. 2층에서는 카야잼, 칠리크랩 소스, 해피 히포 초콜릿, 부엉이 커피를 구매할 수 있다.

Tip2 지하 2층의 GST 환급 영수증 발급 코너는 바닥에 있는 노란색 발바닥 이정표를 따라 가면 쉽게 찾아갈 수 있다.

1층 전자제품·화장품·생활잡화·건강식품

2층 대형 슈퍼마켓·가방·싱가포르 관련 기념품

3층 주방용품·가정용품·여성의류 관련 품목

4층 문구·욕실용품·가구·도서·자동차 관련 용품

싱가포르에서 가장 오래된 이슬람 사원,

술탄 모스크

Sultan Mosque

술탄(아랍어: سلطان)은 '알라에서 유래된 권위와 권력'을 의미하는 말로 이슬람권에서는 군주를 부르는 말로 사용되었으며, 술탄의 칭호를 최초로 사용한 왕조는 오스만 왕조 2대인 오르한 왕조다. 싱가포르 술탄 모스크는 테마섹의 통치자 술탄 후세인 샤(Sultan Hussain Shah)의 제안과 래플스 경의 지시 아래 동인도 회사의 재정적 지원을 받아 1824년 건설을 시작해 1825년에 세워졌다. 건립 100주년인 1924년에는 건축가 데니스 샌트리(Denis Santry)의 설계로 아라베스크 양식의 황금색 돔 첨탑과 난간을 추가해 재건축되었다. 현재 싱가포르에서 가장 크고 오래된 이슬람 사원으로 메인 기도실인 대형 홀은 한 번에 5천 명을 수용할 수 있으며, 2층은 신도들만 입장이 가능하다.

　술탄 모스크는 말레이 문화유산 센터(캄퐁 글람)의 랜드마크로 웅장한 종교 건축물이기도 하다. 천장을 보면 유리병으로 만든 돔 베이스가 있는데, 이 돔 베이스는 신도들이 직접 모은 유리병으로 만들었다고 한다. 또한 술탄 모스크의 이사회는 12명으로 구성되어 있으며, 이들은 각각 6개 민족(말레이, 부기스, 자바, 아랍, 타밀, 북부 인디아)의 대표자들이다. 예배를 드리기 전에 대정[大淨, 구슬(Ghusl)]과 소정[小淨, 우두(Wudū')]을 통해 몸을 정결하게 씻는 것이 원칙이며, 입장시 신발은 벗어야 한다. 또한 반바지나 민소매 차림이면 입구에서 가운을 대여받아 입고 입장해야 한다. 술탄 모스크는 싱가포르 무슬림들의 문화와 종교, 인종을 이해하고 배울 수 있는 곳이다. 이곳에서 싱가포르 속 이슬람의 진수를 느껴보자.

이용 안내

◆ **운영시간:** 토~목 10:00~12:00, 14:00~16:00, 금 14:30~16:00 (예배 의식으로 운영시간이 지켜지지 않고, 입장이 제한되는 경우가 많음) ◆ **입장료:** 무료(사진 촬영 가능. 비디오 촬영은 사전 허가 필요) ◆ **주소:** 3 Muscat Street, Singapore 198833 ◆ **전화번호:** 65-6293-4405 ◆ **홈페이지:** www.sultanmosque.org.sg

Tip1 대정

이슬람교에서는 정화된 사원 출입이나 예배를 드리기 전에 목욕을 해야 한다. 대정은 종교의례를 수행하기 위해 몸 전체를 세정(洗淨)하는 행위를 이르는 말이다. 세정 순서는 먼저 은밀한 부분을 깨끗이 씻은 뒤 오른손에 물을 담아 머리, 몸통, 손발을 씻고 입과 콧구멍을 헹궈내는 순으로 진행된다.

Tip2 소정

대정의 조건이 갖추어진 다음, 사원 출입 전에 하는 의식이다. 소정을 위해서는 흐르는 물이 있어야 하며, 정화의 의미이므로 소량의 물만 사용한다. 씻는 순서로는 ① 오른손, 왼손을 흐르는 물에 씻고 오른손으로 물을 떠서 입을 3번 헹구고 콧구멍 안까지 닦아낸다. ② 양손으로 얼굴을 3번 씻는다. ③ 젖은 오른손으로 머리를 쓰다듬는다. ④ 왼손으로 오른발을 씻고 오른손으로 왼발을 씻는다. 술탄 모스크 입구에는 소정을 위한 공간이 있다.

📝 느낌 한마디

부기스 역에서 술탄 모스크로 향하는 거리마다 활기가 넘치고, 길을 따라 세워진 고층 건물들이 호화스럽다. 다른 지역에 비해 많은 자본이 유통되고 있음이 느껴진다. 술탄 모스크에 가까워질수록 노란 돔 천장이 보이고, 히잡을 두른 여성들이 눈에 띈다. 싱가포르라는 한 국가를 여행하고 있지만 리틀 인디아에서는 인도를 느끼고, 지금은 이슬람 국가를 여행하는 듯 이국적인 풍경이 신기하다. 무슬림들이 정갈하게 손과 발을 씻고 있다. 머리카락을 정갈하게 넘기는 모습에서는 그들의 숭고한 종교의식이 느껴진다. 스피커를 통해 기도 소리가 들린다. 기도실을 구경한 후 거리를 거닐어본다. 레스토랑에서는 물담배 연기가 피어오르고 있다. 싱가포르 관광은 그야말로 일석이조다. 타임머신을 타고 공간 이동을 하듯 한 나라에서 여러 나라를 경험할 수 있으니 말이다. 발길을 옮겨 술탄에서 가장 유명하다는 무타박(싱가포르식 피자)을 맛보기 위해 이동한다. 오늘, 제대로 된 이슬람을 즐겨본다.

술탄 모스크
어떻게 가야 할까?

① MRT 부기스 역에서 하차한다.

② 개찰구를 통과한 후 B 출구 술탄 모스크 방향으로 이동한다.

③ 에스컬레이터를 탄다.

④ 출구로 나오면 왼쪽에 부기스 빌리지가 보인다.

⑤ 오른쪽 래플스 병원(Rafles hospital)을 따라 직진한다.

⑥ 횡단보도를 건넌 뒤 오른쪽으로 직진한다.

⑦ 정면에 육교가 보인다. 육교까지 직진한다.

⑧ 횡단보도에서 왼쪽 45도 방향을 보면 술탄 모스크의 노란색 지붕이 보인다.

⑨ 술탄 모스크 쪽으로 이동한 후 이정표를 따라 오른쪽으로 가면 입구가 나온다.

술탄 모스크

어떻게 즐겨볼까?

사원 입장 전 소정을 위한 곳이다. 문화 체험이니 여행자들은 입장 전 손과 발을 깨끗이 정화한 후 입장하도록 하자.

민소매나 반바지 차림 등 맨살이 드러나면 입장이 불가능하므로 입구에서 가운을 대여(무료)받은 뒤 입장하자.

메인 기도실이며 정숙을 유지해야 한다. 사진 촬영은 가능하지만 기도에 방해되지 않도록 주의하자. 비디오 촬영의 경우에는 사전에 허가를 받아야 한다. 예배가 있는 날에는 입장이 제한될 수 있으니 참고하자.

술탄 모스크 정면에서 이어지는 거리는 부소라 스트리트(Bussorah Street)다. 레스토랑, 의류, 액세서리 등을 판매하는 가게들이 모여 있다. 레스토랑에서는 이슬람 문화의 아이콘인 물담배를 이용할 수 있다.

부소라 스트리트 끝 지점에서 오른쪽으로 이동하면 아랍 스트리트(Arab Street)를 만날 수 있다. 무슬림 전통의상, 양탄자 등을 판매하는 상점들이 대부분이다. 거리를 거닐다 보면 싱가포르가 다민족 국가임을 알 수 있고, 이국적인 분위기를 느낄 수 있다.

하지래인(Haji Lane)

좁고 작은 골목이지만 개성 넘치는 가게들이 모여 있는 곳으로 독특한 아이템과 그래피티 벽화로 유명한 거리다. 산책만으로도 색다른 매력을 느낄 수 있으며 사진으로 추억을 남기기에 좋은 곳이다.

최대 번화가인 오차드 로드 쇼핑몰의 지존,

아이온 오차드

Ion Orchard

아이온 오차드는 싱가포르 최대 번화가인 오차드 로드 중심부에 위치한 최첨단 쇼핑몰로, 단순한 쇼핑 센터가 아닌 패션과 식사, 예술 감상, 스카이 라운지까지 갖춘 원스톱 복합 공간이다. 외관은 육두구(Nutmeg) 열매 모양으로 디자인되었으며, 생명체를 테마로 뿌리부터 줄기까지 나무를 형상화한 금빛 외양은 최고급 쇼핑몰의 우아함과 독특함을 선사한다. 총 56층에 달하는 고층 빌딩으로, 지하 4층부터 지상 4층까지는 세계 최고의 브랜드들이 입점해 있다. 내부 라이프 스타일 매장에서는 국제적인 명품 브랜드 까르띠에(Cartier), 루이비통(Louis Vuitton), 프라다(Prada), 디올(Dior), 조르지오 아르마니(Giorgio Armani), 돌체 앤 가바나(Dolce&Gabbana)는 물론 자라, 유니클로, 에이치 앤 엠(H&M) 등 다양한 의류 브랜드를 만나볼 수 있다. 이

외에도 각종 화장품 브랜드, 아트 문구 등 330개 이상의 매장이 마련되어 있어 쇼핑을 좋아하는 사람들에게 즐거운 쇼핑 경험을 선사해준다. 이뿐만 아니라 레스토랑도 즐비해 있어 로컬 음식 및 국제적 음식도 맛볼 수 있다. 특히 아이온 오차드에만 2개의 매장을 가지고 있는 티 부티크 TWG는 꼭 방문해봐야 할 필수 코스다. 여행자들의 로망인 티룸에서 즐기는 애프터눈 티로 달콤한 사치를 부려보는 것도 좋다.

싱가포르 쇼핑의 메카 아이온 오차드를 효율적으로 쇼핑하기 위해서는 쇼핑 전 컨시어지 데스크(Concierge Desk)를 방문해보자. 여권을 제시하면 일종의 쿠폰북인 프리빌리지(Privileges)를 발급받을 수 있다. 휴대폰 애플리케이션을 다운받는 것도 시간을 절약할 수 있는 유용한 방법이다. 특히 홈페이지에서는 여행객을 대상으로 5~10% 정도를 할인해주는 제도도 운영하고 있으니, 사전에 확인하는 것이 좋다. 싱가포르 여행의 마지막 날, 한국의 명동 오차드 로드의 대표 쇼핑몰인 아이온 오차드에서 쇼핑의 색다른 세계를 경험해보자.

이용 안내

◆**운영시간**: 10:00~22:00 ◆**주소**: 2 Orchard Turn Singapore ◆**전화번호**: 65-6238-8228 ◆**홈페이지**: www.ionorchard.com

Tip 313 앳 서머셋(313@Somerset)

10~20대의 젊은 층을 위한 쇼핑몰로 중저가 브랜드
위주로 운영이 되며, MRT 서머셋 역과 연결되어 있다.
운영시간: 일~목 10:00~22:00, 금~토 10:00~23:00 **주
소:** 313 Orchard Road, Singapore 238895

느낌 한마디

미래 도시가 연상되는 에스컬레이터를 타고 아이온 오차드 지하로 내려갔다. 지하에는 싱가포르
의 대표 음식인 치킨라이스, 바쿠테, 피시볼, 미향원의 빙수 등 인기 맛집들이 입점해 있었다. 일
정이 빠듯한 여행자들은 이 푸드코트에서 싱가포르 대표 음식들을 모두 다 맛볼 수 있을 정도였
다. 지상 4개 층은 그야말로 쇼핑 천국이었다. 각 층마다 최고의 상품들을 진열해놓아 쇼핑족들의
구매 욕구를 자극하고 있었다. 4층에는 화려한 조명과 함께 최고의 식당들이 마련되어 있었다. 이
곳은 오차드 로드의 야경을 감상하며 식사 만찬을 즐길 수 있는 최고의 장소라고 한다. 아이온 오
차드의 최고 하이라이트는 무엇보다 아이온 스카이에서 바라보는 싱가포르의 멋진 전경이다. 고
층 빌딩과 번화한 거리, 마리나 베이 샌즈 호텔 등 미래를 향해 달리는 싱가포르 현재의 모습을
감상할 수 있다. 아이온 오차드를 구경한 뒤 밖으로 나오니 오차드 로드를 가득 메운 사람들 때문
인지 활기가 느껴진다. 오차드 로드의 대표 먹거리 식빵 아이스크림으로 잠시 무더위를 식혀본다.
아이온 오차드의 압도적인 외관이 오차드 로드 여행을 더욱 풍성하게 만들어주었다.

아이온 오차드

어떻게 가야 할까?

1 MRT 오차드 역에서 하차한다.

2 E 출구로 이동한 후 개찰구를 통과한다.

3 아이온 오차드 지하 2층과 연결된다.

Tip 아이온 오차드를 찾으면 출구로 나와 오차드 로드를 거닐어보자. 번화한 싱가포르의 거리를 제대로 느낄 수 있다. 무엇보다 싱가포르 대표 간식인 식빵 아이스크림을 판매하고 있으니, 아이스크림으로 싱가포르의 무더위도 함께 날려보자.

오차드 로드
한눈에 보기

DPS 갤러리아

그랜드 하얏트

퍼시픽 플라자

스코츠 스퀘어

럭키 플라자

탱시

파라곤

극동 쇼핑 센터

로빈슨

MRT
오차드 역

아이온 오차드

니안시티

만다린 오차드

313 앳 서머셋

MRT 서머셋 역

Tip 싱가포르 쇼핑 1번지 오차드 로드는 싱가포르의 대표 쇼핑타운이다. 약 3km 길이의 오차드 로드에는 파라곤, 니안시티, 위스마아트리아 등의 쇼핑몰이 즐비하며 보세(保稅) 옷집부터 구찌, 루이비통, 샤넬 등 해외 유명 명품 브랜드들까지 다양하게 만나볼 수 있다. 게다가 싱가포르 전역이 면세 지역으로 수입 명품을 우리나라보다 20% 정도는 저렴하게 구입할 수 있다. 강력한 법치국가인 싱가포르에서는 '짝퉁'을 걱정할 필요가 없어 쇼핑하기에 좋다.

아이온 오차드

어떻게 즐겨볼까?

1층에는 프랑스 대표 화장품 전문 매장인 세포라(Sephora; 1-5호)가 있다. 기초 화장품부터 색조 화장품까지 사용 목적에 따라 순서대로 진열되어 있기 때문에 효율적으로 비교해보고 구입할 수 있다는 장점이 있다.

3층에서는 가죽, 가방, 신발류를 쇼핑할 수 있다. 그 중 대표 매장은 1927년에 창립되어 오랜 장인정신 아래 이태리 정통 브랜드를 고집해온 훌라(Furla; 3-26호) 매장이다. 그 외에도 1989년에 도나 캐런이 설립한 패션 브랜드 DKNY(3-12호), 미국을 대표하는 디자이너 브랜드인 다이앤 본 퍼스텐버그(DVF), 한국에서도 오픈되어 성황을 누리고 있는 프랑스 럭셔리 브랜드 레페도(Repetto; 3-15B호) 등도 입점해 있다.

2층의 대표 매장으로는 TWG 매장이 있다. TWG 차는 최고 품질의 차를 보장하며 다양한 종의 차를 구비하고 있어 취향에 맞게 선택할 수 있다. 현지인에게도 큰 사랑을 받고 있는 브랜드로 현재 싱가포르 여행자들을 위한 쇼핑 필수품이기도 하다.

쇼핑을 하다 허기가 진다면 레스토랑들이 즐비한 4층으로 가보자. 정통 중국요리 전문점인 테이스트 파라다이스(Taste Paradise; 4-7호) 레스토랑에서는 코스요리를 즐길 수 있다. 양갈비 세트 메뉴나 상어 지느러미(샥스핀) 등을 판매하며, 특히 딤섬으로 유명하다. 푸티엔(Putien; 4-12호) 레스토랑은 중국 전통요리에 젊은 세대를 위한 퓨전음식을 가미한 식당으로 최근 홍콩에 분점을 내기도 했다. 가격은 정통 중국요리 전문점보다 저렴한 편으로 아이온 오차드에 왔다면 한 번쯤 방문해볼 만하다.

지하 1층에는 사만사 타바사(Samantha Thavasa; B1-32호) 매장이 있다. 사만사 타바사는 20대 여성들을 겨냥한 일본 패션회사로, 1994년에 설립되었으며 일본에만 100개 이상의 매장이 있다. 2006년에는 뉴욕에 매장을 오픈하기도 했다.

지하 3층에도 레스토랑이 있는데 임페리얼 트레져(Imperial Treasure; B3-17호) 레스토랑이 유명하다. 이 레스토랑은 정통 고급 중국요리 전문점으로 2004년에 오픈했으며, 짧은 역사에도 현재 싱가포르 내 23개의 매장을 가지고 있으며 아시아 최고 레스토랑 50위 안에 포함되기도 했다. 아이온 오차드의 임페리얼 트레져 레스토랑에서는 경험이 풍부한 요리사의 요리와 얇은 피에 달콤한 속을 채운 문케이크(Moon Cake)도 즐길 수 있다. 이곳에는 싱가포르 대표 브랜드이자 한국에서도 핫한 브랜드로 떠오르는 찰스앤키스 매장(B3-58호)도 있다. 가방과 구두 등의 신상품을 한국의 1/2 가격으로 구매할 수 있어 특히 여성들에게 인기가 많다.

지하 4층에는 무지(Muji; B4-16호) 매장이 있다. 1980년에 설립된 무지는 40가지 품목으로 시작해 현재 약 7천 품목을 보유한 대형 브랜드로 성장했으며, 의류·가정용품·식품까지 상품 범위가 광범위하다. 무지 매장 옆에는 재이슨 마켓이 있으며 부엉이 커피나 타이거 맥주 등을 구입할 수 있다. 또한 망고빙수로 유명한 디저트 레스토랑 미향원(B4-34호), 왓슨스(B4-12호), 푸드코트가 있다. 푸드코트에서는 싱가포르 음식 피시볼, 하이난 치킨라이스, 바쿠테 등을 즐길 수 있다.

아이온 스카이

지상 218m 높이인 55층에 위치한 아이온 스카이는 싱가포르에서 가장 인상 깊고 특별한 장소다. 레스토랑 솔트 그릴 앤 스카이 바(Salt grill & Sky bar)는 호주의 유명 셰프 루크 맨건(Luke Mangan)의 전통 호주요리를 선보이고 있으며, 360도로 펼쳐지는 환상적인 싱가포르 전경을 자랑한다. 56층에 위치한 스카이 바에서는 주류 및 간단한 음료를 마시며 매혹적인 싱가포르의 분위기를 즐길 수 있다.

> **Tip** 아이온 스카이는 오후 3~6시에 무료로 오픈한다. 아이온 오차드 내부 중앙에 위치한 에스컬레이터를 타고 4층으로 올라가면 기둥에 'ION ART'라고 적혀 있다. 거기서 왼쪽으로 이동하면 아이온 스카이로 올라가는 엘리베이터가 있다.

100년 전통의 싱가포르식 피자 무타박,

잠잠 레스토랑

Zam Zam Restaurant

무타박(Murtabak)은 아랍어로 '접다'라는 의미로 예멘의 길거리 음식이었다. 그러다 예멘에 자주 들렀던 인디안 상인들이 본국인 인도와 동남아시아에 무타박을 확산 시켰고, 현재는 인도네시아에서 가장 인기 있는 길거리 음식이 되었다. 마늘, 계란, 양파, 다진 고기에 카레 국물과 오이 혹은 절인 양파나 토마토소스를 곁들여 먹는 다. 술탄 모스크 지역에 위치한 잠잠 레스토랑은 1908년부터 그 전통을 유지해왔으 며 100년이 넘는 시간 동안 무타박만 개발한 무타박 전문점이다. 피시 헤트커리나 인도식 볶음밥 브리야니도 인기가 있지만 이 집의 주 메뉴는 무타박이다. 찰진 반죽 을 넓게 돌려 펼친 뒤 계란, 양파, 마늘, 다진 고기들을 넣고 불에 굽는 요리로, 고기 는 닭고기·양고기·소고기·사슴고기·정어리 등을 선택할 수 있다. 이외에도 야채

무타박이나 치킨 무타박 등 메뉴가 다양해 골라 먹는 재미도 느낄 수 있다. 이색문화 지역인 술탄 모스크에서 싱가포르식 피자 무타박을 맛보자.

―――
이용 안내

◆ **운영시간:** 07:00~23:00 ◆ **가격:** S$5~ ◆ **주소:** 697 North Bridge Road, Singapore 198675 ◆ **전화번호:** 65-6298-6320

> **Tip** 물과 생강, 찻잎을 넣어 끓인 후 찻잎은 걸러내고 갈색 설탕이나 우유를 넣어 만든 음료를 떼 알리아(Teh Halia: 생강즙을 넣은 밀크티)라고 한다. 무슬림 음식과 절묘하게 어울리는 음료이며 부기스 근처를 거닐다 보면 떼 알리아를 마시는 사람들을 자주 볼 수 있다. 무타박과 떼 알리아로 제대로 된 무슬림 음식을 즐겨보자.

📝 느낌 한마디

한국에 부침개가 있다면 술탄 모스크에는 무타박이 있다. 비 오는 날이면 생각나는 김치전과 비슷한 맛이다. 양파의 아삭한 식감이 기름진 음식의 느낌함을 없애주었고, 무엇보다 카레 국물이나 오이가 들어가는 토마토소스의 조화로움이 좋았다. 2개 층으로 이루어진 잠잠 레스토랑은 100년 전통을 자랑이라도 하듯 사람들이 끊이질 않는다. 가게 앞에서는 무타박을 만드는 과정을 직접 볼 수 있다. 밀가루 반죽을 손으로 돌린 후 반죽을 넓게 펴는 요리사의 손놀림이 달인 수준이다. 훌륭하다고 엄지손을 치켜세우니 한국인이냐고 묻곤 정확한 발음으로 "부침개"라고 이야기한다. 많은 한국 여행자들이 방문해 한국의 부침개처럼 맛난 음식이라고 이야기해준 것 같다. 싱가포르 여행의 마지막 날 한국의 맛을 느낄 수 있는 무타박으로 최고의 만찬을 즐겨보자.

잠잠 레스토랑
어떻게 가야 할까?

① MRT 부기스 역에서 하차한다.

② B 출구 쪽으로 직진한 후 술탄 모스크 방향으로 이동한다.

③ 에스컬레이터를 타고 출구로 나오면 왼쪽에 부기스 빌리지가 보인다.

④ 오른쪽 래플스 병원을 따라 직진한다.

⑤ 횡단보도를 건넌다.

⑥ 우회전해 골든 랜드 마크(Golden Land Mark) 건물을 왼쪽에 끼고 직진한다.

⑦ 정면에 육교가 보인다. 육교까지 직진한다.

⑧ 횡단보도에서 왼쪽 45도 방향을 보면 술탄 모스크의 노란색 지붕이 보인다.

⑨ 술탄 모스크 쪽으로 이동하다 보면 이정표가 보인다. 이정표에서 왼쪽을 보면 잠잠 레스토랑이 있다.

개성 넘치는 싱가포르의 남대문 시장,
부기스 스트리트
Bugis Street

부기스는 인도네시아 북부지역 섬에서 싱가포르로 건너온 부기스 족들에 의해 형
성된 곳으로, 환락가로 유명했던 1960년대를 지나 재개발 과정을 거치면서 현재의
모습이 되었다. 부기스 역에서 내리면 고층 빌딩을 볼 수 있는데 부기스의 빠른 성
장을 보여주는 듯하다. 부기스 스트리트는 부기스에 있는 싱가포르의 대표적인 시
장이다. 1950년대에 처음 시장이 형성되었을 당시에는 저렴한 물건과 값싼 음식을
판매하는 나이트 마켓이었으나 점차 성장해 의류 및 잡화, 각종 기념품, 먹거리 등
800개의 점포가 들어서면서 현재는 부기스의 쇼핑 특화거리가 되었다. 부기스 스트
리트는 싱가포르에서 유일하게 야시장이 열리는 곳이기도 하며, 명품보다는 저렴하
고 개성 넘치는 가게들이 즐비해 오차드 로드나 마리나 베이 샌즈와는 또 다른 쇼핑

분위기를 느낄 수 있는 곳이다.

시장 입구에는 부기스 스트리트의 상징이 되어버린 생과일주스 가게가 여럿 있는데, 다양한 종류로 여행객들의 시선을 사로잡는다. 파인애플, 바나나, 망고, 오렌지, 라임, 두유, 그라스 젤리 등 다양한 열대과일주스가 S$1~2에 판매되고 있다. 특히 부기스 스트리트 끝 지점에 위치한 생과일 코너에서는 두리안 냄새가 코끝을 자극한다. 생과일주스 가게를 필두로 의류, 신발, 가방, 기념품 가게들이 모여 있다. 싱가포르 여행 마지막 날까지 지인에게 선물할 기념품을 구매하지 못했다면 이곳에서 저렴한 가격의 다양한 물건을 골라보는 것도 좋다. 부기스를 찾는다면 부기스 스트리트를 방문해 싱가포르의 사람 사는 맛을 느껴보자.

이용 안내

◆ **운영시간**: 11:00~22:00(점포마다 다름) ◆ **주소**: 3 New Bugis Street, Singapore 188867 ◆ **전화번호**: 65-6338-9513 ◆ **홈페이지**: www.bugisstreet.com.sg

📋 느낌 한마디

부기스에는 오차드 로드와는 또 다른 활발함이 있었다. 역에서 내리니 바로 부기스 정션 지역과 연결되어 쇼핑족들을 유혹하고 있다. 부기스 정션에서 바라본 부기스 스트리트는 횡단보도를 건너기 전부터 그 활발함을 느낄 수 있다. 입구에서는 다들 경쟁이라도 하듯 생과일주스를 한 잔씩 받아든다. 가격도 저렴해 더운 싱가포르 날씨에는 제격이다. 안으로 이동하니 한국의 남대문 시장처럼 사람들로 인산인해를 이룬다. 곳곳에 마련된 기념품 가게들에는 조금은 조잡해보이는 물건들이 진열되어 있지만 여행 기분을 낼 수 있을 정도로 다양한 종류의 물건들이 저렴한 가격에 판매되고 있었다. 다양한 먹거리들은 싱가포르 여행의 또 다른 덤이다. 부기스 스트리트에서 싱가포르 현지인들의 삶을 느껴본다.

부기스 스트리트

어떻게 가야 할까?

① MRT 부기스 역에서 하차한다.

② 개찰구를 통과한 후 B 출구 쪽으로 직진한다.

③ 직진 후 부기스 정션 방향으로 이동한다.

④ 에스컬레이터를 타고 출구로 나와 오른쪽 45도 방향을 보면 부기스 스트리트다.

> **Tip** 부기스 스트리트 맞은편에는 2030 젊은이들의 사랑을 받는 쇼핑몰 부기스 정션이, 오른쪽에는 복합 쇼핑 공간 부기스 빌리지가 있으니 자유롭게 둘러보는 것도 좋다.
>
> 부기스 정션　　부기스 빌리지

부기스 스트리트
어떻게 즐겨볼까?

부기스 스트리트의 상징이 되어버린 생과일주스 가게다. S$1로 싱가포르의 무더위를 달래보자.

옷, 액세서리, 기념품 등을 살 수 있는 가게들이 즐비하다.

싱가포르 어느 곳에서나 쉽게 볼 수 있는 에그타르트는 페이스트리에 달걀 크림을 넣어 만든 후식으로 달콤하면서도 부드럽다.

한국의 호두과자처럼 생긴 카야잼이 들어간 카야볼도 유명 먹거리 중 하나다. 크리스피 팬 케익, 크레페도 부기스 스트리트의 인기 먹거리다.

람부탄이나 두리안 등의 열대과일을 파는 곳으로, 부기스 스트리트 끝 지점에 위치한다. 코끝을 자극하는 두리안의 냄새만으로도 서민적인 시장의 분위기를 느낄 수 있다.

알버트 센터(Albert Centre)에서는 페이머스 로작(Famous Rojak)이 유명하다. 페이머스 로작은 싱가포르식 샐러드로 튀김 반죽에 과일과 야채를 넣고 버무린 음식이다.

부기스 정션 건물 뒤편 술탄 모스크 방향 쪽으로 부기스 역의 대표 건물인 파크뷰 스퀘어 건물이 있다. 사무실로 사용되고 있는 파크뷰 스퀘어 건물은 외관만 구경해도 웅장한 건물의 모습에 압도된다.

Tip 열대과일의 황제라고 불리는 두리안은 양파 썩는 냄새를 가진 지독한 과일이지만 당분이 높아 달콤한 맛이 매력적이기도 하다. 두리안을 이야기할 때 천국과 지옥을 오가는 과일이라고 표현하기도 하는데, 지독한 냄새 때문에 일부 호텔이나 지하철로의 반입이 금지되는 과일이기도 하다.

PART 3

싱가포르,
이것이 더 알고 싶다

아시아 최고 규모를 자랑하는 조류 공원,

주롱 새 공원

Jurong Bird Park

1971년에 오픈한 주롱 새 공원은 6만 평 규모에 600종의 새들이 약 8천 마리나 살고 있는 싱가포르 최초의 야생 동물 공원이자, 아시아에서 가장 큰 조류 공원이다. 공원은 세계적인 조류 공연과 자연적인 전시를 통해 방문자들과 조류간의 정서적 교감을 목표로 한다.

주롱 새 공원에는 여러 인기 코너가 있다. 아이코닉 폭포 새장(The Iconic Waterfall Aviary)에는 600마리 이상의 새들이 살고 있으며, 30m 높이의 인공폭포를 가진 세계 최초의 새장이다. 윙즈 오브 아시아 새장(Wings of Asia Aviary)은 크고 다양한 새들이 살고 있는 가장 위협적인 아시아 조류 새장이다. 잉꼬 새장(Lory Loft)은 방문자들에게 가장 인기 있는 코너로 초대형 새장에 있는 호주, 인도네시아 등의 다양한

잉꼬를 자세히 관찰하고, 먹이를 주며 어깨에 앉히는 체험(S$3)도 할 수 있다. 펭귄 코스트(Penguin Coast)에는 4종의 펭귄들이 서식하고 있으며 실내와 야외 전시로 나누어져 있다. 에어컨 시설이 갖추어진 실내에서는 얼음 위에서 생존하는 홈볼트, 마카로니 등을 관찰할 수 있으며, 야외에는 열대 지방에 적응된 멸종 위기 아프리카 펭귄을 볼 수 있다. 펠리칸 코브(Pelican Cove)에서는 몸무게 15kg의 달마시안 펠리칸(Dalmatian Pelican)을 구경할 수 있다. 하늘의 제왕 쇼(King's of The Skies Show)는 하늘의 제왕인 독수리와 함께하는 공연이다. 독수리의 훈련 모습, 사냥 모습 등을 볼 수 있으며, 독수리를 직접 팔에 앉혀보는 관객 체험 코너도 있다. 버즈 앤 버디 쇼(Birds n Buddies Show)는 주롱 새 공원의 하이라이트 공연으로 앵무새 · 펠리컨 · 플라밍고 등 공원의 스타 새들이 총 출동해 자전거를 타고 링을 통과하거나, 2마리의 앵무새가 나무 안에 작은 공 빨리 넣기 시합을 벌이는 등 진기한 묘기를 보여준다.

넓은 부지의 공원을 좀더 효율적으로 구경하고 싶은 여행자는 파노레일(S$5)을 이용하는 것도 한 방법이다. 파노레일은 공원 구석구석을 둘러볼 수 있는 유용한 교통수단이며 한국어 방송도 나와 편리하다. 아시아에서 가장 큰 주롱 새 공원을 방문해 새들과의 즐거운 한때를 즐겨보자.

이용 안내

◆**영업시간**: 8:30~18:00 ◆**공연시간**: 하늘의 제왕 쇼 10:00, 16:00, 버즈 앤 버디 쇼 11:00, 15:00 ◆**입장료**: 성인 S$28, 아동 S$18 ◆**주소**: 2 Jurong Hill, Singapore 628925 ◆**전화번호**: 65-6261-1869 ◆**홈페이지**: www.birdpark.com.sg

주롱 새 공원

어떻게 가야 할까?

① MRT 분 레이(Boon lay)역에서 하차한다.

② 개찰구를 통과한 후 'Bus Interchange'라고 적힌
표지판을 따라 건물 안으로 들어간다.

③ 모니터에 버스 출발시간이 기재되어 있다.

④ B5 게이트로 이동한다.

⑤ 194번 버스를 탄다.

⑥ 주롱 새 공원에서 하차한다.

⑦ 하차한 후 직진한다.

⑧ 왼편이 주롱 새 공원 입구다.

Tip 분 레이 역에서 251번 버스를 타고 이동해도 된다. 주롱 새 공원을 구경한 후 분 레이 역으로 돌아올 때는 194번 버스 하차 장소에서 도로 건너편으로 이동한다. 거기서 251번 버스를 타고 돌아오면 된다.

Tip1

주롱 새 공원 입구에는 싱가포르의 유명 먹거리 중 하나인 봉고 버거가
있다. 공원을 관람하기 전에 간단하게 끼니를 해결하고 싶다면 한 번 들
려보자.

운영시간: 월~금 10:00~18:00 토~일, 공휴일 8:30~18:00

 Tip2

주롱 새 공원에서 싱가포르 동물원, 리버 사파리, 나이트 사파리로 이동하기 위해서는 주롱 새 공원 입구
옆 코치 파크(Coach Park)에서 셔틀버스를 이용하면 된다. 주롱 새 공원, 싱가포르 동물원, 나이트 사파리를
하루 코스로 짤 경우 오전(주롱 새 공원), 오후(싱가포르 동물원), 저녁(나이트 사파리) 코스로 짤 수도 있다.

출발시간: 13:30, 16:45 **요금:** 성인 S$5

 Tip3

2곳 이상을 관광할 경우 패키지 티켓을 구입하는 것이 좋다. 패키지 티켓은 구입 후 30일 이내에 사용
하면 되니 하루만에 다 돌 필요는 없다. 패키지 티켓은 홈페이지에서 구입할 수 있으며, 그 종류는 다음
과 같다.

4-in-1(4개 중 4개 선택)
옵션: 주롱 새 공원+싱가포르 동물원+나이트 사파리+리버 사파리(성인 S$121, 아동 S$78)

3-in-1(4개 중 3개 선택)
옵션①: 주롱 새 공원+싱가포르 동물원+나이트 사파리(성인 S$98, 아동 S$64)
옵션②: 주롱 새 공원+싱가포르 동물원+리버 사파리(성인 S$89, S$아동 57)
옵션③: 주롱 새 공원+나이트 사파리+리버 사파리(성인 S$94, S$아동 61)

2-in-1(4개 중 2개 선택)
옵션①: 주롱 새 공원+싱가포르 동물원(성인 S$62, 아동 S$40)
옵션②: 주롱 새 공원+나이트 사파리(성인 S$67, 아동 S$44)
옵션③: 주롱 새 공원+리버 사파리(성인 S$58, 아동 S$37)

철창이 없는 자연 그대로의 동물원,

싱가포르 동물원
Singapore Zoo

1973년에 개장한 싱가포르 동물원은 8만 4천 평 부지에 약 300종의 동물들이 3천 마리 정도 살고 있으며, 개천·암벽·나무 등을 철창 삼아 꾸며진 열린 동물원이다. 싱가포르 동물원은 크게 동물을 볼 수 있는 전시 영역과 테마별로 조성된 존(Zone) 들로 구성되어 있다. 전시 영역에서는 중앙아프리카 우림지역에 살며 코 양쪽에 날 카로운 어금니를 가진 레드 리버 멧돼지(Red River Hogs), 파란 눈과 분홍색 코, 갈 색 줄무늬를 가진 싱가포르 동물원의 인기 스타 백호랑이, 스리랑카·인도네시아· 말레이시아에서 온 아시아 코끼리, 긴코원숭이, 철창 없이 자유롭게 여행객과 어울 리며 차를 마시거나 아침식사까지 할 수 있는 오랑우탄, 피그미 하마(Pygmy Hippo), 수달, 돼지·코끼리·팬더의 조합처럼 보이는 타피르(Tapir), 가슴에 'U' 자 모양이

그려져 있는 태양 곰(Sun Bear), 침팬지, 악어, 털이 없는 알몸 쥐(Naked Mole Rat) 등의 다양한 동물들을 볼 수 있다.

테마존에는 북쪽 서식지에 맞게 시원한 물, 얼음 동굴, 풀 형태를 갖춘 툰드라(Frozen Tundra) 존, 아프리카 초원을 연상시키는 야생 아프리카(Wild Africa) 존, 열대우림 지역을 복원한 듯 꾸며놓은 보존 수림지(Fragile Forest) 존, 코알라·캥거루가 서식하는 호주(Australian) 존 등이 있다. 이 밖에도 긴팔원숭이 섬(Gibbon Island), 파충류 가든, 싱가포르의 국화 등의 광대한 컬렉션을 볼 수 있는 오키드 가든(Orchid Garden)까지 볼거리가 다양하다.

또한 시간별로 다양한 쇼가 펼쳐지니 놓치지 말자. 시간별 쇼는 어린이들과 동물들이 서로 교감을 나눌 수 있는 다양한 프로그램으로 구성된다. 싱가포르 동물원을 좀더 효율적으로 이용하기 위한 교통수단으로 트램도 운영하고 있으며, 트램을 이용한다면 더운 날씨에 구애받지 않고 보다 수월하게 동물원 관광을 즐길 수 있다. 싱가포르 동물원 근처에 위치한 리버 사파리, 나이트 사파리를 찾는 것도 잊지 말자.

이용 안내

◆ **영업시간:** 8:30~18:00 ◆ **입장료:** 성인 S$32, 아동 S$21 (동물원·리버 사파리·나이트 사파리 패키지 입장권도 판매한다.)
◆ **주소:** 80 mandai lake Road, Singapore 729826 ◆ **전화번호:** 65-6269-3411 ◆ **홈페이지:** www.zoo.com.sg

싱가포르 동물원
어떻게 가야 할까?

① MRT 앙 모 키오(Ang mo kio) 역에 하차한다.

② 개찰구를 통과한 후 직진해 C 표시 쪽으로 이동한 뒤 에스컬레이터를 타고 내려간다.

③ 'Bus Interchange'라고 적힌 표지판 쪽으로 직진해 에스컬레이터를 타고 올라간다.

④ 버스 번호 표시판 쪽으로 이동한 뒤 138번 표시 쪽으로 직진한다.

⑤ 직진하면 제일 안쪽에 138번 버스를 타는 곳이 있다.

⑥ 138번 또는 138A 버스를 타고 종점까지 이동한다. 종점까지는 40분 정도 소요된다.

⑦ 종점에 도착한 후 직진하면 싱가포르 동물원 매표소 및 입구가 나온다.

Tip1 138번 버스는 이지링크 카드로 이용이 가능하다. 이지링크 카드가 없다면 잔돈으로 S$2.2를 준비하자. 버스에는 잔돈이 없다는 안내문이 적혀 있다.

Tip2 앙 모 키오 역에 도착하면 C 표시된 벽 맞은편에 야쿤 카야 토스트 지점이 있다. 차이나타운 본점에서 야쿤 카야 토스트를 맛보지 못했다면 한 번 들러볼 만하다.

싱가포르 동물원의 다양한 쇼

쇼	내용	시간	장소
스플래시 사파리 (Splash Safari)	캘리포니아 바다사자들이 펼치는 쇼다. 평소 자주 보지 못했던 바다사자들의 재롱을 마음껏 즐길 수 있다.	10:30, 17:00	Shaw Foundation Amphitheatre
애니멀 프렌즈 (Animal Friends)	강아지와 고양이 쇼로 어린이에게 유익한 공연이다.	11:00, 16:00	Rainforest Kidzworld Amphitheatre
엘리펀트 워크 & 플레이 (Eléphants at Work & Play)	코끼리들이 펼치는 공연으로 코끼리들의 코믹하고 귀여운 재롱을 보며 유쾌한 시간을 보낼 수 있다.	11:30, 15:30	Elephants of Asia
레인포레스트 파이트 백 (Rainforest Fights Back)	10종의 동물과 함께 그들의 서식지를 구하기 위해 20분 동안 펼쳐지는 야생동물 쇼다.	12:30, 14:30	Shaw Foundation Amphitheatre

리버 사파리(River Safari)

리버 사파리는 강을 테마로 한 아시아 최초의 야생동물 공원이다. 볼거리는 크게 '리버스(Rivers)'와 '야생의 아마조니아(Wild Amazonia)'로 나뉜다. 리버스에서는 미시시피 강, 세계에서 가장 다채로운 물고기들의 놀이터 콩고 강, 나일 강, 갠지스 강, 자이언트 메기와 세계에서 가장 큰 민물고기가 사는 메콩 강, 멸종 위기 야생동물들의 서식지 양쯔 강 등 세계적인 강(River)의 야생동물을 살펴볼 수 있다. 아마존 야생동물을 관찰할 수 있는 야생의 아마조니아에는 중국에서 선물로 받은 자이언트 판다가 있으며, 인공으로 만든 강줄기를 따라 5000여m를 이동하면서 원숭이 · 재규어 · 브라질 카피바라 등 30여 종의 동물들을 만날 수 있는 '아마존 리버 퀘스트(Amazon River Quest)', 풍부한 원숭이 종을 만나볼 수 있는 아마존 열대우림이 있다. 추가 비용(성인 S$5, 아동 S$3)을 지불하고 이용할 수 있는 리버 사파리 크루즈도 이용해보자. 야생 황새, 왜가리 등 매력적이고 아름다운 자연을 경험할 수 있다.

입장료: 성인 S$28, 아동 S$18 **전화번호**: 65-6269-3411 **홈페이지**: www.riversafari.com.sg

Tip3

나이트 사파리(Night Safari)

멸종 위기 종을 포함해 2,500여 마리가 넘는 야
행성 동물을 보며 정글탐험을 할 수 있는 코스
로 세계 최초 야간 개장 동물원이다. 트램을 타
고 자연 그대로의 환경에서 살고 있는 사자, 표
범, 기린 등을 45분 동안 구경할 수 있으며, 이들
이 서식하는 모습을 생생히 관찰할 수 있다. 산
책로를 따라 걷는 것만으로도 야생을 느낄 수 있
다. 나이트 사파리 관광시 플래시 사용은 엄격히
금지되어 있으니 꼭 염두에 두자. 나이트 사파리
는 저녁 7시부터 입장이 가능하다.

요금: (입장료와 트램) 성인 S$42, 아동 S$28 전화번호: 65-6269-3411 홈페이지: www.nightsafari.com.sg

『난생 처음 싱가포르』 저자 심층 인터뷰

Q 『난생 처음 싱가포르』를 소개해주시고, 이 책을 통해 독자들에게 전하고 싶은 메시지가 무엇인지 말씀해주세요.

A 이 책은 처음 싱가포르를 찾는 초보 여행자들을 위한 책으로, 여행 준비에서부터 다양한 볼거리까지 싱가포르 여행시 꼭 알아야 할 정보들을 선별해 3박 4일간의 일정으로 구성했습니다. 이 책을 통해 싱가포르로의 첫 여행이 두려움보다는 설렘으로 가득 차길 바랍니다. 싱가포르는 작지만 깨끗하고 안전한 나라이며, 다른 여행지에 비해 매력적이고 활력이 넘치는 곳입니다. 그런 이유로 싱가포르 여행은 일상에 지친 여행자들에게 좋은 청량제가 될 것입니다. 싱가포르의 매력에 흠뻑 빠져보시기 바랍니다.

Q 시중에 수많은 싱가포르 여행 관련 도서들이 있습니다. 이 책은 유사 도서들과 어떤 차이점이 있나요?

A 시중에는 싱가포르 여행 관련 도서들이 홍수를 이룰 정도로 정말 많이 나와 있습니다. 이들 대부분의 책들이 수많은 정보들을 담고 있는데, 가보지도 않은 여행지에 대한 무수한 정보들 속에서 꼭 필요한 부분만 선택해내는 일은 혼란을 가중시킬 뿐 아니라 출발하기도 전에 지칠 수 있습니다. 이 책에는 싱가포르에 대한 모든 이야기를 담기보다는 여행에 꼭 필요한 정보들만 선별했으며, 제가 싱가포르 현지 가이드 역할을 한다는 생각으로 일정대로 자세하게 기록했습니다. 이 책과 함께 떠난 여행자들이 가이드 동반 투어를 하는 듯한 기분이 들도록 말입니다. 또한 여행 예산 짜기에서부터 먹거리와 볼거리, 즐길 거리에 이르기까지 가장 알찬 싱가포르 정보만 수록했습니다. 이 책만으로도 싱가포르 여행을 충분히 즐길 수 있을 것입니다. 처음 싱가포르를 찾는 여행자들이 이 책과 함께 편안한 싱가포르 여행이 되길 바랍니다.

Q 동남아시아의 심장부 싱가포르는 어떤 나라인지 소개해주세요.

A 싱가포르는 서울보다 조금 큰 도시국가지만 다양한 문화와 민족이 공존하며 그들 특유의 모습들이 조화를 이룬 멋진 나라입니다. 20세기 후반 초고속 경제성장과 함께 아시아에서는 일본 다음가는 경제부국이 되었으며, 동남아시아의 금융 중심지로 발전했습니다. 동남아시아의 금융허브답게 활기찬 모습이 특징이기도 합니다. 다민족 국가이면서도 서로 다른 사회 관습을 조화롭게 유지하고 있으며, 치안이 좋고 대중교통도 잘 발달되어 있어 싱가포르를 처음 찾는 여행자들도 수월하게 싱가포르 여행을 즐길 수 있습니다.

Q   '아시아의 4마리 용' 중 하나인 싱가포르 여행의 묘미에는 어떤 것들이 있을까요?

A   막상 싱가포르에 가보면 동남아시아의 여러 나라를 여행하는 듯한 느낌이 듭니다. 도시 중심부에서 위쪽으로 몇 정거장만 이동하면 마치 인도의 어느 마을에 깊숙이 들어와 있는 듯한 묘한 느낌을 주고, 인도 여행을 마치고 몇 정거장만 내려오면 중국의 도시 한복판을 여행하는 듯하며, 조금만 고개를 돌리면 이슬람 국가로 타임머신을 타고 이동한 것 같은, 다양한 민족이 공존하는 멋진 나라입니다. 한 나라를 여행하면서 이렇게 다양한 나라를 여행하는 것 같은 기분이 드는 곳이 또 있을까요? 그만큼 싱가포르는 다채로운 매력을 지닌 나라입니다.

Q   해외여행시 가장 걱정이 되는 부분이 바로 언어 문제인데요, 싱가포르는 어떤 언어를 사용하며 싱가포르 여행시 언어적으로 도움을 받을 방법은 없는지 궁금합니다.

A   해외여행이 처음인 여행자들이 두려워하는 것 중 하나가 바로 언어입니다. 하지만 막상 자유 여행을 하다 보면 언어는 사실 아무 문제가 되지 않는다는 것을 알 수 있습니다. 특히 싱가포르는 대중교통과 투어 프로그램이 잘 발달되어 있기 때문에 언어를 몰라도 여행하는 데 큰 불편이 없습니다. 그리고 무엇보다 싱가포르 사람들은 친절하기 때문에 아는 영어 단어 몇 개만 나열해도 쉽게 안내를 받을 수 있습니다. 그래도 언어적 두려움 때문에 떠나겠다는 결심이 서지 않는 여행자라면 이 책을 들고 떠나라고 자신 있게 이야기하고 싶습니다. 이 책대로만 움직인다면 영어를 한마디도 못해도 싱가포르를 여행하는 데 전혀 문제가 없을 것입니다.

Q 싱가포르 음식이 우리 입맛에 맞지 않아 고생하는 경우는 없나요? 또 싱가포르에서 한 번쯤은 꼭 먹어봐야 할 음식이 있다면 어떤 것이 있을까요?

A 여행의 즐거움 중 하나가 먹거리입니다. 그래서 일부 여행자들은 쇼핑이나 관광보다 먹거리에 더 치중하기도 합니다. 현지 음식이 입에 맞지 않는다면 여행의 즐거움은 반감될 테지만 다행히 싱가포르 음식은 한국인 입맛에도 잘 맞으니 걱정할 것 없습니다. 싱가포르는 먹어야 할 것이 참 많은 나라지만 싱가포르 여행에서 최고로 꼽히는 먹거리는 아무래도 칠리크랩입니다. 한국 여행자뿐만 아니라 싱가포르를 찾는 모든 여행자들에게 사랑받는 음식입니다. 특히 적당히 매콤한 칠리소스는 묘한 중독성이 있습니다. 칠리크랩 외에도 이 책에는 일정마다 꼭 먹어봐야 할 음식이 소개되어 있습니다. 책에 소개된 음식을 맛보며 즐거운 싱가포르 여행이 되시길 바랍니다.

Q 싱가포르 여행 중 꼭 들러봐야 할 곳을 추천한다면 어디인가요? 몇 군데 소개 부탁드립니다.

A 싱가포르는 볼거리가 풍부한 곳입니다. 그 중에서도 꼭 봐야 할 첫 번째 장소는 2012년에 개장한 30만 평의 지상 최대 인공 정원 '가든스 바이 더 베이'입니다. 나무를 닮은 거대한 기둥의 슈퍼트리는 〈아바타〉 같은 SF영화를 연상시킵니다. 저녁에 펼쳐지는 슈퍼트리 쇼는 가든스 바이 더 베이의 명실상부한 하이라이트이자 백미이니 꼭 관람하시길 바랍니다. 두 번째로 꼭 봐야 할 것은 싱가포르의 상징이자 아시아의 대표적인 카지노 복합 리조트, 21세기판 피사의 사탑인 '마리나 베이 샌즈 호텔'입니다. 특히 200m 최고층 위에 조성된 스카이 파크는 몸무게 60kg인 사람 백만 명에 해당하는 무게이며, 축구장 2개를 합쳐놓은 것만큼 큽니다. 물론 싱가포르는 이외에도 다양한 볼거리들이 넘쳐나는

곳입니다. 다른 볼거리들은 이 책을 참조하시기 바랍니다. 싱가포르 여행에서 꼭 해야 할 것, 봐야할 것, 먹어야 할 것들만 소개해놓았습니다. 환상적인 볼거리 여행으로 싱가포르의 매력에 빠져보시기 바랍니다.

Q **싱가포르를 여행하시면서 에피소드가 많았다고 들었습니다. 재미있었던 에피소드를 하나 소개해주세요.**

A 무스타파 센터를 갔을 때가 가장 기억에 남습니다. 제가 방문했을 때가 마침 주말이었습니다. MRT 파러 파크 역에서 내려 출구로 나오자 인도에 온 줄 알았습니다. 너무나 많은 인도인들이 거리를 가득 메우고 있었습니다. 마치 광화문 광장에서 월드컵 응원을 하는 것처럼 인도인들이 도로 양 옆으로 인산인해를 이루고 있었습니다. 그들은 주말을 이용해 삼삼오오 모여 이야기꽃을 피우고 있었는데 생김새가 다르다 보니 조금 두려운 마음이 들었습니다. 그래서 카메라를 부여잡고 거의 뛰다시피 걸음을 옮겼습니다. 물론 아무 일도 일어나진 않았습니다. 우리와 인도인의 생김새가 다르다는 점에서 온 선입관이었습니다. 그들은 저라는 존재를 의식하지 않고 그들만의 이야깃거리에만 열중했습니다. 그런데도 혼자 무섭다고 막 뛴 것을 생각하면 지금도 웃음이 나옵니다.

Q **우리와 같은 동양권 나라인 싱가포르 여행시 꼭 알아두어야 할 것이 있다면 말씀해주세요.**

A 싱가포르는 벌금의 나라입니다. 한국에서처럼 길거리를 다니다 침을 뱉거나 쓰레기를 버릴 경우 적발시 최소 S$1,000의 벌금이 부과됩니다. 그리고 공공장소나 거리에서는 껌을 씹을 수 없습니다. 껌은 반입하지 않는 것이 좋습니다. MRT 역내에서는 음식을 먹을 수 없습니다. 한국의 지하철처럼 음식을 먹다 적발이 되면 벌금이 부과됩니다. 또한 흡연

자들은 주의해야 합니다. 싱가포르 입국시 담배는 한 갑만 소지할 수 있으며, 금연 구역에서 담배를 피우다 적발되면 어떤 이유에서든 벌금이 부과되기 때문에 주의해야 합니다.

Q 싱가포르를 여행할 여행자들에게 꼭 해주고 싶은 이야기가 있다면 어떤 것들이 있나요?

A 싱가포르는 다양한 문화와 민족이 공존하며 그들 특유의 모습이 조화롭게 자리를 잡은 나라입니다. 인도·중국·말레이시아·이슬람의 모습이 공존하고 있습니다. 서울보다 조금 크지만 볼거리가 무궁무진한 곳입니다. 무더운 날씨 탓에 힘든 여행지라고 생각할 수도 있지만 곳곳에 에어컨 시설이 잘 마련되어 있어 싱가포르의 매력을 즐기는 데 날씨는 큰 문제가 되지 않습니다. 싱가포르에서 금지하는 행동만 잘 지킨다면 싱가포르 여행은 평생 잊지 못할 추억이 될 것입니다. 주말을 이용해 일상을 탈출하고 싶은 여행자들은 싱가포르로 떠나시기 바랍니다.

스마트폰에서 이 QR코드를 읽으시면
저자 인터뷰 동영상을 보실 수 있습니다.

독자 여러분의
소중한 원고를 기다립니다

메이트북스는 독자 여러분의 소중한 원고를 기다리고 있습니다. 집필을 끝냈거
나 혹은 집필중인 원고가 있으신 분은 khg0109@hanmail.net으로 원고의 간단한
기획의도와 개요, 연락처 등과 함께 보내주시면 최대한 빨리 검토한 후에 연락드
리겠습니다. 머뭇거리지 마시고 언제라도 메이트북스의 문을 두드리시면 반갑
게 맞이하겠습니다.